高等学校土木工程专业教材

AutoCAD
工程制图基础

赵彬彬／主 编

人民交通出版社股份有限公司

北 京

内 容 摘 要

本书是关于计算机辅助设计绘图软件 AutoCAD 2020 绘制工程基础图样知识的教材,系统介绍 AutoCAD 绘图的基本方法和技巧。全书共 7 章,主要内容包括:AutoCAD 2020 绘图基础,二维图形的绘制与编辑,文字标注,尺寸标注,块、外部参照及设计中心,图纸打印与输出。

本教材可供高等院校、科研院所相关专业的教师与学生参考,也可供从事道路工程、土木工程及其他工程设计、施工、建设、管理及科研人员使用。

本书配有课件,教师可通过加入道路工程课程教学研讨 QQ 群(328662128)获取。

图书在版编目(CIP)数据

AutoCAD 工程制图基础 / 赵彬彬主编. — 北京 : 人民交通出版社股份有限公司, 2023.8

ISBN 978-7-114-18727-8

Ⅰ.①A… Ⅱ.①赵… Ⅲ.①工程制图-AutoCAD 软件

Ⅳ.①TB237

中国国家版本馆 CIP 数据核字(2023)第 059478 号

高等学校土木工程专业教材
AutoCAD Gongcheng Zhitu Jichu

书　　名:	**AutoCAD 工程制图基础**
著 作 者:	赵彬彬
策划编辑:	李　瑞
责任编辑:	王景景
责任校对:	孙国靖　刘　璇
责任印制:	张　凯
出版发行:	人民交通出版社股份有限公司
地　　址:	(100011)北京市朝阳区安定门外外馆斜街 3 号
网　　址:	http://www.ccpcl.com.cn
销售电话:	(010)59757973
总 经 销:	人民交通出版社股份有限公司发行部
经　　销:	各地新华书店
印　　刷:	北京科印技术咨询服务有限公司数码印刷分部
开　　本:	787×1092　1/16
印　　张:	11.25
字　　数:	270 千
版　　次:	2023 年 8 月　第 1 版
印　　次:	2023 年 8 月　第 1 次印刷
书　　号:	ISBN 978-7-114-18727-8
定　　价:	35.00 元

(有印刷、装订质量问题的图书,由本公司负责调换)

前言 PREFACE

为紧跟 CAD 技术的发展步伐,满足当前企业对工程技术专业人员设计制图的必备技能需求,根据教育部高等学校工程图学教学指导委员会最新颁布的"计算机绘图"课程教学的基本要求,作者在长期从事"土木工程制图"课程的理论教学和"计算机绘图"课程实践指导的工作经验和体会的基础上,学习、总结各院校本课程教学成功实践编写了本教材。

AutoCAD 系统是美国 AUTODESK 公司于 20 世纪 80 年代初开发的一套通用计算机辅助设计绘图软件系统。该软件系统不仅具有强大的绘图功能和友好的二次开发定制功能,而且易于学习、便于使用,深受国内外广大工程技术人员的青睐,广泛应用于建筑、机械、电子、造船、航天、采矿、地质、石油、化工等众多领域。本书全面系统地介绍了 AutoCAD 软件系统的绘图功能及操作使用过程。全书共分七章,主要内容包括:AutoCAD 2020 绘图基础,二维图形的绘制与编辑,文字标注,尺寸标注,块、外部参照及设计中心,图纸打印与输出。全书特色鲜明,主要包括以下若干方面:

(1) 本书实用性强,各章节内容深入浅出、循序渐进,既方便教师课堂教学授课、讲解示范,又便于学生自学掌握、练习强化。

(2) 全书图文并茂、实例丰富,所用实例均尽量结合行业和工程实践,为后续专业知识的学习奠定基础。

(3)各章节运用"分解-组合"思想从一般图元到专业工程图样,详细讲解实例图样,以实现熟练绘制各种基础工程图样的目标。

(4) 通过菜单选项、工具栏按钮及命令行键入命令等多种途径对同一功能进行详细讲解,以方便读者选择最适合自身的绘图方法。

考虑到计算机、信息技术的快速发展和专业应用软件版本的频繁升级更新,以紧跟先进技术为前提,本书内容基于 Windows 10 专业版 64 位操作系统介绍 AutoCAD 2020(64 位)的安装、操作和使用。在此,向为本书做出直接或间接贡献的广大朋友表示诚挚的感谢!

　　由于编者水平有限,书中难免有不足和错误之处,敬请各位读者批评指正。

编　者

2023 年 5 月

目录 CONTENTS

第1章　AutoCAD 2020 绘图基础 ·· 1

1.1　AutoCAD 2020 的安装和启动 ·· 1

1.2　图形文件的创建、打开与保存 ··· 4

1.3　AutoCAD 2020 的工作界面 ·· 5

1.4　捕捉、栅格和正交功能 ·· 7

1.5　自动追踪功能 ·· 9

1.6　动态输入功能 ·· 13

1.7　AutoCAD 2020 绘图环境的配置 ··· 15

1.8　AutoCAD 2020 图形显示的控制 ·· 16

1.9　AutoCAD 2020 坐标定位 ·· 21

1.10　图层管理 ·· 26

第2章　二维图形的绘制 ··· 29

2.1　直线的绘制 ··· 29

2.2　圆、圆弧、椭圆和椭圆弧的绘制 ··· 30

2.3　多段线的绘制与编辑 ·· 36

2.4　平面图形的绘制 ··· 39

2.5　多线的绘制和编辑 ·· 41

2.6　点的绘制 ··· 46

2.7　样条曲线的绘制和编辑 ·· 49

2.8　图案填充 ··· 51

第3章　二维图形的编辑 ··· 54

3.1　图形对象的选择 ··· 54

3.2　图形对象的删除、移动、旋转及对齐 ··· 58

3.3　图形对象的复制、阵列、偏移及镜像 ··· 61

3.4　图形对象形状和大小的修改 ·· 66

3.5　倒角和圆角对象 ··· 74

3.6　使用夹点编辑图形 ·· 76

3.7 特性编辑 ⋯⋯⋯⋯⋯⋯⋯⋯⋯⋯⋯⋯⋯⋯⋯⋯⋯⋯⋯⋯⋯⋯⋯⋯⋯⋯⋯⋯ 79

第 4 章　文字标注 ⋯⋯⋯⋯⋯⋯⋯⋯⋯⋯⋯⋯⋯⋯⋯⋯⋯⋯⋯⋯⋯⋯⋯ 82

4.1 文字样式的定义 ⋯⋯⋯⋯⋯⋯⋯⋯⋯⋯⋯⋯⋯⋯⋯⋯⋯⋯⋯⋯⋯⋯⋯ 82

4.2 文字的单行输入 ⋯⋯⋯⋯⋯⋯⋯⋯⋯⋯⋯⋯⋯⋯⋯⋯⋯⋯⋯⋯⋯⋯⋯ 84

4.3 段落文字的创建 ⋯⋯⋯⋯⋯⋯⋯⋯⋯⋯⋯⋯⋯⋯⋯⋯⋯⋯⋯⋯⋯⋯⋯ 87

4.4 文本的编辑 ⋯⋯⋯⋯⋯⋯⋯⋯⋯⋯⋯⋯⋯⋯⋯⋯⋯⋯⋯⋯⋯⋯⋯⋯⋯ 89

4.5 拼写检查 ⋯⋯⋯⋯⋯⋯⋯⋯⋯⋯⋯⋯⋯⋯⋯⋯⋯⋯⋯⋯⋯⋯⋯⋯⋯⋯ 90

4.6 设置字体替换文件 ⋯⋯⋯⋯⋯⋯⋯⋯⋯⋯⋯⋯⋯⋯⋯⋯⋯⋯⋯⋯⋯ 91

4.7 表格 ⋯⋯⋯⋯⋯⋯⋯⋯⋯⋯⋯⋯⋯⋯⋯⋯⋯⋯⋯⋯⋯⋯⋯⋯⋯⋯⋯⋯ 93

第 5 章　尺寸标注 ⋯⋯⋯⋯⋯⋯⋯⋯⋯⋯⋯⋯⋯⋯⋯⋯⋯⋯⋯⋯⋯⋯ 100

5.1 尺寸标注样式的设置 ⋯⋯⋯⋯⋯⋯⋯⋯⋯⋯⋯⋯⋯⋯⋯⋯⋯⋯⋯ 100

5.2 各种具体尺寸的标注方法 ⋯⋯⋯⋯⋯⋯⋯⋯⋯⋯⋯⋯⋯⋯⋯⋯ 108

5.3 尺寸标注的编辑与修改 ⋯⋯⋯⋯⋯⋯⋯⋯⋯⋯⋯⋯⋯⋯⋯⋯⋯ 122

第 6 章　块、外部参照及设计中心 ⋯⋯⋯⋯⋯⋯⋯⋯⋯⋯⋯⋯ 126

6.1 块的创建、存储、插入及动态块 ⋯⋯⋯⋯⋯⋯⋯⋯⋯⋯⋯⋯ 126

6.2 块属性的编辑与管理 ⋯⋯⋯⋯⋯⋯⋯⋯⋯⋯⋯⋯⋯⋯⋯⋯⋯⋯ 135

6.3 外部参照 ⋯⋯⋯⋯⋯⋯⋯⋯⋯⋯⋯⋯⋯⋯⋯⋯⋯⋯⋯⋯⋯⋯⋯⋯ 143

6.4 设计中心 ⋯⋯⋯⋯⋯⋯⋯⋯⋯⋯⋯⋯⋯⋯⋯⋯⋯⋯⋯⋯⋯⋯⋯⋯ 150

第 7 章　图纸打印与输出 ⋯⋯⋯⋯⋯⋯⋯⋯⋯⋯⋯⋯⋯⋯⋯⋯⋯ 155

7.1 AutoCAD 2020 的模型空间与图纸空间 ⋯⋯⋯⋯⋯⋯⋯⋯ 155

7.2 图纸集管理 ⋯⋯⋯⋯⋯⋯⋯⋯⋯⋯⋯⋯⋯⋯⋯⋯⋯⋯⋯⋯⋯⋯⋯ 157

7.3 布局及布局管理 ⋯⋯⋯⋯⋯⋯⋯⋯⋯⋯⋯⋯⋯⋯⋯⋯⋯⋯⋯⋯⋯ 161

7.4 页面设置 ⋯⋯⋯⋯⋯⋯⋯⋯⋯⋯⋯⋯⋯⋯⋯⋯⋯⋯⋯⋯⋯⋯⋯⋯ 164

7.5 绘图仪管理 ⋯⋯⋯⋯⋯⋯⋯⋯⋯⋯⋯⋯⋯⋯⋯⋯⋯⋯⋯⋯⋯⋯⋯ 166

7.6 打印样式管理 ⋯⋯⋯⋯⋯⋯⋯⋯⋯⋯⋯⋯⋯⋯⋯⋯⋯⋯⋯⋯⋯⋯ 168

7.7 打印预览 ⋯⋯⋯⋯⋯⋯⋯⋯⋯⋯⋯⋯⋯⋯⋯⋯⋯⋯⋯⋯⋯⋯⋯⋯ 170

7.8 打印 ⋯⋯⋯⋯⋯⋯⋯⋯⋯⋯⋯⋯⋯⋯⋯⋯⋯⋯⋯⋯⋯⋯⋯⋯⋯⋯ 171

参考文献 ⋯⋯⋯⋯⋯⋯⋯⋯⋯⋯⋯⋯⋯⋯⋯⋯⋯⋯⋯⋯⋯⋯⋯⋯⋯⋯ 173

第1章

AutoCAD 2020绘图基础

导学

《AutoCAD 工程制图基础》课程以当前主流、成熟的 AutoCAD 2020 制图软件系统为平台，结合大量实例，讲授二维图形的绘制与编辑等内容，具有通俗易懂、实例丰富等特点，该课程注重课堂理论与上机实践一体。本课程应结合教材特点，理实结合，通过理论讲解→实例演示→作图练习→举一反三的方式，循序渐进地开展学习。

在工业设计行业和土木建筑领域中，计算机辅助设计（Computer Aided Design，简称 CAD）是设计人员进行分析计算、信息存储和图样绘制等工作的常用软件平台。AutoCAD 是由欧特克（AUTODESK）公司于 1982 年开发的计算机辅助设计软件，多用于二维绘图、文档设计及三维构型等，现已成为业界广泛应用的绘图软件之一。AutoCAD 2020 采用了 Windows 操作系统平台下主流的 Ribbon 风格界面，整合了制图功能，加快了任务执行，能够满足不同领域不同层次用户的多样化需求，其可更高效地执行 CAD 任务，极大地提高设计人员的工作效率。

AutoCAD 2020 是一个界面复杂、功能强大的计算机辅助设计平台，读者若想准确快速地掌握其绘图技能，必须先掌握 AutoCAD 2020 的图形化工作界面、各功能模块，以及绘图参数的相关配置等。为此，下面首先介绍 AutoCAD 2020 的安装和启动。

1.1　AutoCAD 2020 的安装和启动

AutoCAD 2020 的安装对计算机软、硬件条件都有较高的要求，本节介绍了面向 64 位 Windows系统的 AutoCAD 2020 安装的系统要求及启动方式。

1.1.1　AutoCAD 2020 的安装

（1）AutoCAD 2020 安装的系统要求
AutoCAD 2020 安装的系统要求见表1.1。

AutoCAD 2020 安装的系统要求　　　　　　　　　　　　　　　　　　表 1.1

操作系统	Microsoft Windows 7（SP1 或更高版本、64 位）、Microsoft Windows 8.1（64 位）、Microsoft Windows 10（1803 版或更高版本、64 位）
处理器	2.5G~2.9GHz（推荐 3.0GHz 或更高）
内存	8GB（推荐 16GB）
显示分辨率	1920×1080 真彩色显示器,64 位 Windows 10 系统最高支持分辨率 3840×2160
显卡	1GB（推荐 4GB）
磁盘空间	6GB 或更大内存
浏览器	Google Chrome、360Chrome 等
定点设备	兼容微软鼠标
.NET 框架	.NET Framework 4.7 或更高版本、*支持的操作系统推荐使用 DirectX11

面向大型数据库、点云和 3D 建模等应用的其他系统要求见表 1.2。

面向大型数据库、点云和 3D 建模等应用的其他系统要求　　　　　　　表 1.2

内存	8GB 及以上
磁盘空间	6GB 存储空间（不包括安装所需磁盘空间）
显卡	1920×1080（或更高分辨率）真彩色显示适配器、128MB（或更大）显存、带图像卡的 Direct3D 工作站

（2）AutoCAD 2020 安装的简要步骤

此处以 AutoCAD 2020 试用版为例介绍其安装步骤,正版软件的购买请参考欧特克(Autodesk)公司官网相关说明,其安装步骤与试用版类似。从欧特克(AUTODESK)公司官网 https://www.autodesk.com/中选择 AutoCAD 2020 试用版并下载,下载完成后启动安装程序,如图 1.1 所示。点击其中右下位置的"安装"按钮,弹出"安装 >许可协议"界面,如图 1.2所示。

选中图 1.2 右下角的单选框"我接受",再点击"下一步"按钮,弹出"安装 >配置安装"界面,如图 1.3 所示。

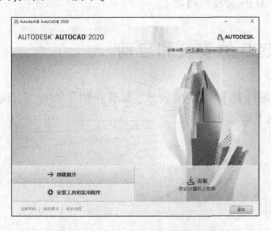

图 1.1　AutoCAD 2020 安装程序启动

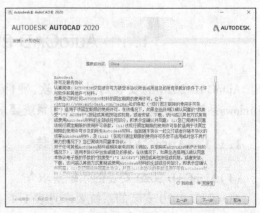

图 1.2　AutoCAD 2020 安装许可协议

点击图 1.3 左侧上部"Autodesk AutoCAD 2020"下方的实心三角形,展开配置安装选项,如图 1.4 所示。建议勾选默认的"子组件",采用默认的"安装类型"(即"典型")和默认的"安装路径",再点击右下角的"安装"按钮,以开始 AutoCAD 2020 的安装过程。

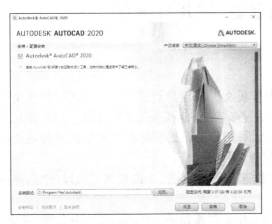

图 1.3　AutoCAD 2020 配置安装

图 1.4　AutoCAD 2020 配置安装

安装结束后,如图 1.5 所示。

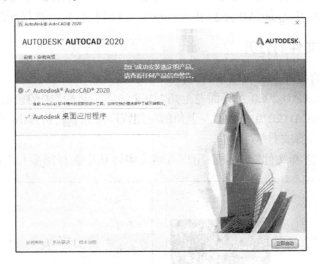

图 1.5　AutoCAD 2020 安装完成

默认情况下,AutoCAD 2020 安装完成后会分别在桌面和"开始"菜单程序列表中添加"AutoCAD 2020-简体中文(Simplified Chinese)"快捷方式和"AutoCAD 2020-简体中文(Simplified Chinese)"应用程序组。

1.1.2　AutoCAD 2020 的启动

启动 AutoCAD 2020 程序主要采用以下三种方法:

①双击桌面上的"AutoCAD 2020-简体中文(Simplified Chinese)"快捷方式 A。

②鼠标左键单击"开始"按钮,从程序列表中依次选择单击"AutoCAD 2020-简体中文(Simplified Chinese)"应用程序组→"AutoCAD 2020-简体中文(Simplified Chinese)"程序按

钮 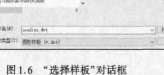。

③鼠标左键双击任一后缀名为".dwg"的图形文件。

1.2　图形文件的创建、打开与保存

1.2.1　图形文件的创建

AutoCAD 2020 图形文件是基于默认的图形样板文件或用户创建的自定义图形样板文件来创建的。图形样板文件即存储图形的默认设置、样式和其他相关数据的文件。图形样板文件可以通过"选择样板"对话框打开,如图 1.6 所示,用户可根据实际需要从中选择合适的图形样板文件。可通过以下两种方式打开"选择样板"对话框。

①左键单击 AutoCAD 2020 主界面左上角"快速访问工具栏"中的按钮 🗋,打开"选择样板"对话框。

②左键单击 AutoCAD 2020 主界面左上角的应用程序按钮 🅰,从弹出菜单中选择"新建"命令,打开"选择样板"对话框。

或者通过左键单击 AutoCAD 2020"开始"选项卡→底部中间"创建"选项卡→"快速入门"按钮下方的"样板"展开 AutoCAD 2020 内置的样板文件列表,从中选择所需图形样板文件。

1.2.2　图形文件的打开

常用图形文件的打开方式有以下两种:

①左键单击 AutoCAD 2020 主界面左上角"快速访问工具栏"中的按钮 📂。

②左键单击 AutoCAD 2020 主界面左上角的应用程序按钮 🅰,从弹出菜单中选择"打开"→"图形"命令,打开"选择文件"对话框。

图 1.7 所示为"选择文件"对话框,用户可结合实际从中选择需要打开的图形文件。

图 1.6　"选择样板"对话框　　　　　　　　图 1.7　"选择文件"对话框

1.2.3　图形文件的保存

可通过以下三种常用方式来保存图形文件:

①左键单击 AutoCAD 2020 主界面左上角"快速访问工具栏"中的按钮 。

②左键单击 AutoCAD 2020 主界面左上角的应用程序主按钮，从弹出菜单中选择"保存"命令。

③按［Ctrl＋S］组合键。

1.3 AutoCAD 2020 的工作界面

AutoCAD 2020 的工作界面采用 Windows 的 Ribbon 风格,由一组菜单、选项卡、命令按钮和功能区面板等元素构成,如图 1.8 所示。用户可通过编组和自定义来创建基于任务的个性化绘图环境。AutoCAD 2020 提供的工作空间包括草图与注释、三维建模和三维基础,每个工作空间都显示功能区和应用程序菜单。用户可通过"快速访问工具栏"下拉列表中的工作空间列表,选择所需的工作空间。

此外,通过单击 AutoCAD 2020 工作界面状态栏右端的"切换工作空间"按钮 进行切换。

1.3.1 AutoCAD 2020 工作界面布局

如图 1.8 所示,AutoCAD 2020 工作界面主要分为 AutoCAD 主按钮、功能区、绘图工作区、命令行、状态栏和导航栏等区域。

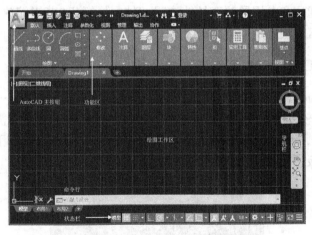

图 1.8 AutoCAD 2020 的工作界面

（1）AutoCAD 2020 主按钮

单击 AutoCAD 2020 主按钮 可快速访问工具栏、应用程序菜单和功能区中的命令,例如:"新建""保存""另存为"等。

（2）功能区选项卡及面板

AutoCAD 2020 功能区是基于任务的工具和控件的选项板、程序默认显示区域。该区域选项卡汇集了"默认""插入""注释"等工程设计中常用的工具按钮。例如,"默认"选项卡就集合了"绘图""修改""注释""图层"等多个工具面板,这些面板按照任务划分为基础单元,组织于各个选项卡中。单击面板名称右侧的实心三角形可展开显示该面板内包含的所有工具,如图 1.9所示。

图1.9　功能区选项卡及面板

（3）绘图工作区

此区域为用户绘制图形的区域。

（4）命令行

用户通过在命令行中输入命令进行绘图操作，包括二维和三维图形的绘制与编辑、文字的输入与修改，以及在命令行中输入 AutoCAD 2020 系统变量进行 AutoCAD 2020 绘图系统参数的设置。

（5）状态栏

状态栏位于 AutoCAD 2020 系统界面的底部，用于提示各种命令的功能作用、显示各种工具的开关状态及某些绘图模式的切换和设置。

（6）导航栏

导航栏提供对通用和专用导航工具的访问，例如，"平移""范围缩放""动态观察"等，使用户能在绘图工作区内快速定位至指定区域。

1.3.2　AutoCAD 2020 工作界面的设置

默认情况下，AutoCAD 2020 工作界面中设置了较多的选项卡，这在一定程度上可提高工作效率，但亦会占用较多的有限的屏幕显示空间和硬件资源，用户可根据需要对选项卡及面板进行调整，从而实现 AutoCAD 2020 系统界面的个性化定制。操作步骤如下：

①右键单击面板，弹出如图1.10所示快捷菜单。

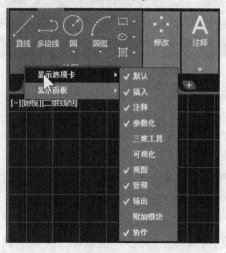

图1.10　功能区选项卡及面板快捷菜单

②左键点击快捷菜单中相应选项卡或面板名称来控制其显示与否,带"√"标记的为显示状态。

1.4 捕捉、栅格和正交功能

为了提高绘图精度和工作效率,在绘图过程中常需要使用捕捉、栅格及正交等功能进行图形的精确绘制、关键点的快速捕捉等操作。

1.4.1 捕捉和栅格的设置

(1)功能说明

绘图时可通过光标移动来确定点的位置,但这种方式精度低。在 AutoCAD 2020 中,使用"捕捉"和"栅格"功能可以实现精确定点。"捕捉"功能用于设定光标移动的步长;"栅格"功能则发挥坐标网格纸的作用,可提供直观的距离和位置参考。

(2)打开或关闭捕捉、栅格功能

在 AutoCAD 2020 程序窗口状态栏中,通过单击"捕捉"按钮 ▦ 和"栅格"按钮 ▦ 来控制捕捉和栅格的开关。或通过按[F7]键和[F9]键分别控制"栅格"和"捕捉"的开关。

通过左键单击 AutoCAD 2020 程序窗口状态栏中"捕捉"按钮右侧的向下实心三角形→"捕捉设置…"可打开图1.11所示的"草图设置"对话框。其中的"捕捉和栅格"选项卡包括以下内容:

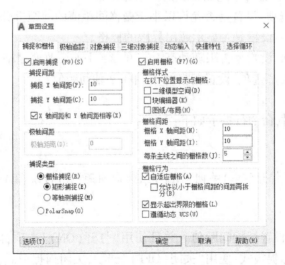

图1.11 "草图设置"对话框

①启用捕捉:控制捕捉模式的开启和关闭。用户也可以通过左键单击状态栏中的"捕捉"按钮,或按[F9]键,或使用 SNAPMODE 系统变量来控制捕捉模式的开启和关闭。

②捕捉间距:控制捕捉位置矩形中不可见栅格的尺寸。该组合框中包含3个选项,其中,"捕捉 X 轴间距"和"捕捉 Y 轴间距"分别用于指定 X 轴和 Y 轴方向的捕捉间距,该间距值必须为正实数。"X 轴间距和 Y 轴间距相等"则用于指定捕捉间距和栅格间距使用相同的 X、Y

轴间距值。注意:捕捉间距和栅格间距可以设置不同值。

③极轴间距:控制 PolarSnap 增量距离。当"捕捉类型"设置为"PolarSnap"时,"极轴距离"用于设定捕捉增量距离,如果该值为0,则 PolarSnap 距离采用"捕捉 X 轴间距"的值。通常,"极轴距离"设置与极轴追踪和对象捕捉配合使用。如果极轴追踪和对象捕捉功能均未启用,则"极轴距离"设置无效。

1.4.2 GRID 和 SNAP 命令

用户还可以通过 GRID 和 SNAP 命令对捕捉和栅格参数进行设置。

(1)GRID 命令

使用 GRID 命令时,命令行提示如下:

命令:GRID
指定栅格间距(X)或[开(ON)关(OFF)捕捉(S)主(M)自适应(D)界限(L)跟随(F)纵横向间距(A)] <10.0000 >:

默认情况下,需要设置栅格间距值。且该值不能设置得太小,否则将导致图形模糊、屏幕重绘卡顿,甚至无法显示栅格等问题。该命令行提示中其他选项的功能如下:

①"开(ON)关(OFF)"选项:打开或关闭当前栅格。

②"捕捉(S)"选项:将栅格间距设置为由 SNAP 命令指定的捕捉间距。

③"主(M)"选项:设置每个主栅格线的栅格分块数。

④"自适应(D)"选项:设置是否允许以小于栅格间距值的间距拆分栅格。

⑤"界限(L)"选项:设置是否显示超出界限的栅格。

⑥"跟随(F)"选项:设置是否跟随动态 UCS 的 XY 平面而改变栅格平面。

⑦"纵横向间距(A)"选项:设置栅格的 X 轴和 Y 轴间距值。

(2)SNAP 命令

使用 SNAP 命令时,命令行提示如下:

命令:SNAP
指定捕捉间距或[打开(ON)关闭(OFF)纵横向间距(A)传统(L)样式(S)类型(T)] <10.0000 >:

默认情况下,需要设置捕捉间距值。并且使用"打开(ON)"选项,以当前栅格的分辨率、旋转角度和样式激活捕捉模式;使用"关闭(OFF)"选项,关闭捕捉模式,但保留当前设置。该命令提示中其他选项的功能如下:

①"纵横向间距(A)"选项:在 X 轴和 Y 轴方向上指定不同的间距值。如果当前捕捉模式为等轴测,则不能使用该选项。

②"传统(L)"选项:设置捕捉的新旧行为,即是始终捕捉到捕捉栅格,还是仅在操作正在进行时捕捉到捕捉栅格。

③"样式(S)"选项:设置"捕捉"栅格的样式为"标准"或"等轴测"。"标准"样式显示与

当前 UCS 的 *XY* 平面平行的矩形栅格,*X* 间距与 *Y* 间距可能不同;"等轴测"样式显示等轴测栅格,栅格点初始化为30°和150°角。等轴测捕捉可以旋转,但不能有不同的纵横向间距值,等轴测包括上等轴测平面(30°和150°角)、左等轴测平面(90°和150°角)与右等轴测平面(30°和90°角)。

④"类型(T)"选项:指定捕捉类型为极轴或栅格。

1.4.3　正交模式

(1)功能

使用正交模式可以绘制与 *X* 轴或 *Y* 轴平行的线段,在进行对象编辑时也便于控制光标的移动方向。

(2)命令调用

用户可以通过以下方式使用正交模式:

①按[F8]键或者按[Ctrl + L]组合键。

②左键单击应用程序状态栏中的"正交限制光标"按钮 ⌐ 。

1.5　自动追踪功能

在 AutoCAD 2020 中凭借其他点进行定位的方法称为追踪。AutoCAD 2020 中的"自动追踪"功能方便用户指定角度,或者绘制与其他对象有特定关系的对象。打开自动追踪后,可以利用屏幕上的追踪线精确地确定位置和角度。

1.5.1　极轴追踪与对象捕捉

(1)功能

"极轴追踪"是指用户在确定点的位置时,移动光标使其靠近预先设定的方向(即极轴追踪方向),程序自动将橡皮筋线(即已获取的点与光标当前位置的连线,该连线随着光标当前位置的变化而实时变化,故形象地称为"橡皮筋线")吸附到该方向,同时冒出标签,显示给用户沿该方向极轴追踪的矢量。

使用"对象捕捉"可以沿对齐路径进行追踪,对齐路径基于对象捕捉点,已获取的点将显示一个加号标记" + "。获取点之后,当在绘图路径上移动光标时,将显示易于获取点的水平、垂直或极轴对齐路径。例如,用户可以基于对象端点、中点或对象的交点,沿着某个路径选择一点。

(2)命令调用

用户可以通过以下两种方式使用正交模式:

①按[F10]和[F11]键分别进行"极轴追踪"和"对象捕捉"的打开和关闭。

②左键单击应用程序状态栏中的"极轴追踪"按钮 ⊘ 和"对象捕捉"按钮 ⊿ 分别进行"极轴追踪"和"对象捕捉"功能的打开和关闭。

（3）操作示例Ⅰ

绘制一个长度为20个单位且与X轴成30°角的直线段,以示范"极轴追踪"的使用。操作步骤如下:

①进行"极轴追踪"选项卡的设置:右键单击应用程序状态栏中的"极轴追踪"按钮 ,从弹出的快捷菜单中选择"正在追踪设置…"命令,弹出"草图设置"对话框,并显示"极轴追踪"选项卡,如图1.12所示。

②启用极轴追踪:选中"启用极轴追踪"复选框。

③极轴角设置:在"增量角"下拉列表中选择或输入"30",如图1.12所示。

④启动直线命令:在命令行中键入"LINE",然后按[Enter]键执行命令。

⑤在命令行中输入第一点的坐标:"100,100",然后按[Enter]键执行命令。

⑥利用极轴追踪确定第二点:慢慢移动光标,当其到第一点的连线与X轴之间的夹角接近30°时,如图1.13所示,绘图工作区高亮显示对齐路径(即图中虚线),光标右下角动态工具栏中亦显示"极轴:138.9230<30°",此时,在命令行中输入"100",按[Enter]键执行命令。

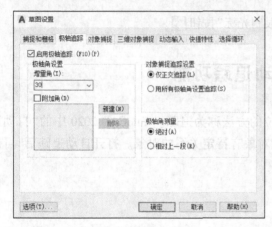

图1.12 "极轴追踪"选项卡

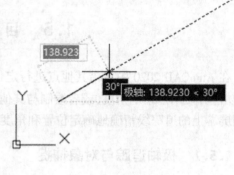

图1.13 极轴追踪"点"

（4）操作示例Ⅱ

已知一条水平直线"12",待绘制一条与水平直线"12"呈30°角,且其一个端点过点"1",另一个端点与点"2"的连线垂直于直线"12"的直线。作图操作步骤如下:

①"极轴追踪"的设置:左键单击应用程序状态栏中的"极轴追踪"按钮 ,应用程序提示"按指定角度限制光标-开"。

②"对象捕捉"的设置:右键单击应用程序状态栏中的"对象捕捉"按钮 ,在弹出的快捷菜单中选择"对象捕捉追踪设置…"命令,弹出"草图设置"对话框,并显示"对象捕捉"选项卡,如图1.14所示。

③对象捕捉模式的设置:在"对象捕捉"选项卡中选择"端点"复选框。

④启动直线命令:在命令行中键入"LINE",然后按[Enter]键执行命令。

⑤确定待绘直线的第一点为直线"12"的端点"1",并移动光标接近端点"1",待光标右下方动态提示"端点"时单击左键,完成对直线"12"的端点"1"的捕捉。

⑥利用对象捕捉追踪定点:将光标移动至直线"12"的端点"2"附近并显示"□",同时,光

标右下方动态提示"端点"。

⑦利用极轴追踪定点:在直线"12"的端点"2"处沿 Y 轴正方向缓慢移动光标,绘图工作区高亮显示对齐路径(即图中虚线),待光标右下方动态提示"极轴:<30°,端点:<90°"时单击左键,按[Enter]键完成直线的绘制,如图1.15所示。

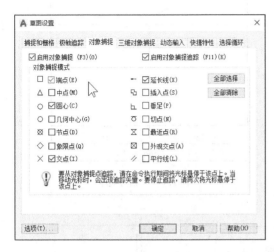

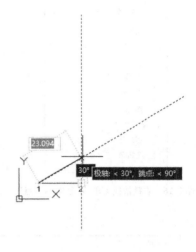

图1.14 "对象捕捉"选项卡 图1.15 极轴追踪"直线"

1.5.2 临时追踪点和"捕捉自"工具

(1)功能

由于只有捕捉到对象上的特征点后才能引出相应的临时追踪虚线,因此,"临时追踪点"和"捕捉自"功能均需配合"对象捕捉"功能来使用,从而在临时追踪虚线上精确定位。"临时追踪点"和"捕捉自"功能在使用时与"对象追踪虚线"有所不同,虽然两者都是向两个方向无限延伸,但"临时追踪点"必须拾取一点才能作为追踪点,而"对象追踪虚线"只要将光标停留在特征点上,系统便会自动拾取该点作为追踪点。

(2)命令调用

用户可以通过以下两种方式使用"临时追踪点"功能:

①同时按下鼠标右键和[Shift]键或者同时按下鼠标右键和[Ctrl]键打开右键快捷菜单,如图1.16所示。

②单击"对象捕捉"工具栏。提示:需要事先设置"对象捕捉"工具栏,鼠标左键单击"快速访问工具栏"最右端的按钮▼,从展开列表中选择"显示菜单栏"命令,再从"工具"菜单中选择"工具栏"→"AutoCAD"→"对象捕捉"命令,以调出"对象捕捉"工具栏。

(3)操作示例

对图1.17所示图形进行以下操作:

①鼠标右键单击 AutoCAD 2020 应用程序状态栏中的按钮▥,在弹出的快捷菜单中选择"对象捕捉设置"命令,弹出"草图设置"对话框,选择"启用对象捕捉""启用对象捕捉追踪"复选框,以及"对象捕捉模式"组合框中的"中点"复选框,如图1.18所示。

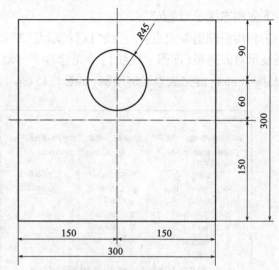

图 1.16　右键快捷菜单→"临时追踪点"　　　　　　图 1.17　"临时追踪点"示例

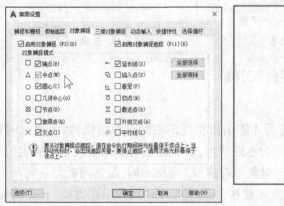

图 1.18　"临时追踪点"示例——草图设置

②在"默认"选项卡→"绘图"面板中单击"矩形"工具按钮 ▭ ,根据命令行提示,在绘图工作区创建外部轮廓线,即一个"300×300"的矩形。命令行提示如下:

> 命令:_rectang
> 指定第一个角点或[倒角(C)标高(E)圆角(F)厚度(T)宽度(W)]:100,100
> 指定另一个角点或[面积(A)尺寸(D)旋转(R)]:300,300

③在"默认"选项卡→"绘图"面板中单击"圆"工具按钮,命令行提示如下:

> 命令:_circle
> 指定圆的圆心或[三点(3P)/两点(2P)/切点、切点、半径(T)]:

④单击"对象捕捉"工具栏中的"临时追踪点"按钮 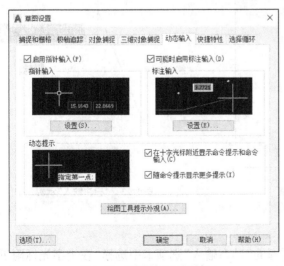（此处按钮图标），命令行提示如下：

> 指定圆的圆心或[三点(3P)/两点(2P)/切点、切点、半径(T)]：_tt
> 指定临时对象追踪点：(移动光标至矩形顶边中点附近,待光标处显示"△"后单击鼠标左键以确定该中点为临时追踪点,然后沿 Y 轴方向向下缓慢移动光标并在追踪线出现后输入"90",再按[Enter]键执行命令)
> 指定圆的半径或[直径(D)] <45.0000>：45✓（输入圆的半径）

类似地,用户也可以使用"捕捉自"功能(即"对象捕捉"工具栏中的"捕捉自"按钮)来实现上述作图。操作方法类似,此处不再赘述。

1.6 动态输入功能

AutoCAD 2020 的"动态输入"功能使用户能直接在光标附近输入数据和选项,而不需要在命令行中输入,从而提高用户绘图效率。若需启用"动态输入"功能,可使用鼠标左键单击应用程序状态栏中的"动态输入"按钮 即可打开或关闭该功能,或者按[F12]键启用或关闭该功能。

1.6.1 启用指针输入

在"动态输入"选项卡中选择"启用指针输入"复选框可启用指针输入功能,即在操作过程中十字光标位置的坐标值将显示在光标旁边。当命令行提示用户输入点时,可在工具提示而非命令窗口中输入坐标值。如图 1.19 所示,左键单击"指针输入"组合框中的"设置"按钮,弹出"指针输入设置"对话框,可对输入工具的格式和可见性进行设置。如图 1.20 所示,格式设置为"极轴格式"和"相对坐标",可见性则设置为"命令需要一个点时"。

图1.19 "动态输入"选项卡

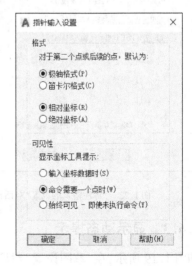

图1.20 "指针输入设置"对话框

由图 1.21 所示的指针输入可见,当采用上文所述的"极轴格式"和"相对坐标"格式输入下一点时,用户可直接输入相应数据,也可以按[Tab]键在光标右下侧的动态输入框中进行坐标的切换。

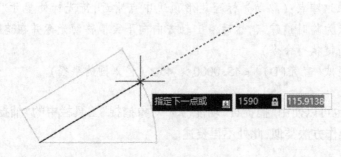

图 1.21 "指针输入"示例

1.6.2 启用标注输入

标注输入是指当命令行提示用户输入第二个点或距离时,将相关距离值与角度值进行显示标注的工具提示,标注工具提示中的值将随着光标的移动而改变。如图 1.19 所示,用户可在"草图设置"对话框的"动态输入"选项卡中单击"标注输入"组合框中的"设置"按钮,弹出如图 1.22 所示的"标注输入的设置"对话框进行设置。

图 1.23 所示为绘制直线时标注输入方式的启用效果,用户可在提示框中输入距离和角度值,并通过按[Tab]键进行切换。若同时打开指针输入和标注输入,则应用程序会在上述两种输入方式均可用时用标注输入取代指针输入。

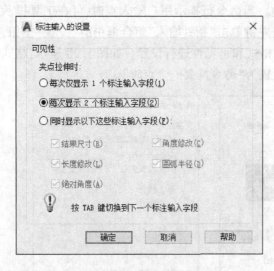

图 1.22 "标注输入的设置"对话框

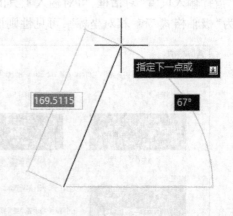

图 1.23 "标注输入"示例

1.6.3 显示动态提示

如图 1.19 所示,在"草图设置"对话框的"动态输入"选项卡中选择"在十字光标附近显示命令提示和命令输入"复选框,应用程序将在绘制和编辑图形时在光标附近显示命令的输入情况;选择"随命令提示显示更多提示"复选框,则应用程序将在绘图和编辑图形时显示使用[Shift]键和[Ctrl]键进行夹点操作的提示。

1.7 AutoCAD 2020 绘图环境的配置

运用 AutoCAD 2020 绘制工程图样需要事先设置绘图环境,主要包括图形界限、图形单位等的设置。

1.7.1 设置图形界限

(1)功能

由于 AutoCAD 2020 绘图工作区的范围可以无限大,因此,用户可在任意位置绘制图形。为了方便图样的打印输出,应事先定义一个范围用于限定图样的绘制区域,从而避免将图样绘制到图形界限之外。

(2)命令调用

①选择"格式"菜单→"图形界限"命令。

②在命令行中键入"LIMITS",然后按[Enter]键执行命令。

(3)操作示例

按上述方式调用命令后,命令行提示如下:

> 指定左下角点或[开(ON)关(OFF)] <0.0000,0.0000>:(在命令行中输入绘图界限左下角的坐标,直接按[Enter]键表示采用当前<>显示的默认坐标)
>
> 指定右上角点 <420.0000,297.0000>:(在命令行中输入绘图界限右上角的坐标,直接按[Enter]键表示采用当前<>显示的默认坐标)

命令行提示"指定左下角点或[开(ON)关(OFF)]"中,"开(ON)"表示打开图形界限检查开关,如果在操作中输入点的坐标超出了图形界限设置的范围,则命令行中将显示"＊＊超出图形界限"提醒用户注意;"关(OFF)"则表示关闭图形界限检查开关,如果绘图过程中输入的点超出图形界限的范围,则应用程序不进行提示。

1.7.2 设置图形单位

(1)功能

AutoCAD 2020 默认采用十进制单位,用户可根据实际需要调整单位类型、精度设置等内容。

(2)命令调用

①选择"格式"菜单→"单位…"命令。

②在命令行中键入"UNITS",然后按[Enter]键执行命令。

(3)图形单位说明

按上述方式调用命令后,弹出如图1.24所示的"图形单位"对话框。其中:"长度"用于指定测量的当前单位及当前单位的精度。用户可在"精度"下拉列表中设置测量单位的当前格式,包括"建筑""小数""工程""分数""科学"等。其中的"工程"和"建筑"格式提供英尺和英寸等英制单位显示,并默认一个图形单位表示一英寸。用户可在"角度"组合框中设置角度值的精度。AutoCAD 2020 默认以逆时针方向为角度值增加方向,用户也可以通过勾选"顺时针"复选框来调整角度值增加的方向。

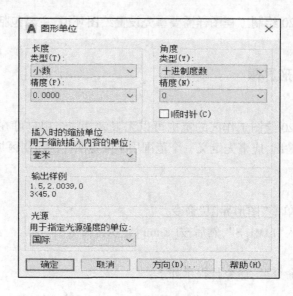

图1.24 "图形单位"对话框

1.8 AutoCAD 2020 图形显示的控制

AutoCAD 2020 绘图过程中经常涉及整体布局和局部修改,对于细节部分需要通过 AutoCAD 2020 的显示功能实现放大等操作,还可以实现对视图的保存、恢复及多视口设置等。

1.8.1 鼠标功能键设置

鼠标是 AutoCAD 2020 绘图操作中最基本的输入设备。除了执行菜单命令选择和工具栏按钮点击等 Windows 标准操作外,鼠标也是实现绘图过程中的定位、对象选取、拖曳等操作的设备,因此,为提升绘图效率及精确性,可对鼠标左、右键功能进行设置。

(1)鼠标左键功能

①拾取待编辑的对象。

②确定十字光标在绘图工作区中的位置。

③单击工具栏按钮执行对应操作。

④对菜单和对话框进行操作。

(2)鼠标右键设置

通常,用户可通过以下三种途径来实现鼠标右键的设置:

①选择"工具"菜单→"选项…"命令,弹出"选项"对话框,切换至"用户系统配置"选项

卡,如图1.25所示。

②在命令行中键入"OPTIONS",然后按[Enter]键执行命令,弹出"选项"对话框,再切换至"用户系统配置"选项卡。

③在未执行任何命令且未拾取任何对象的前提下,在绘图工作区中单击鼠标右键,从弹出的快捷菜单中选择"选项…"命令,从而打开"选项"对话框。

在"用户系统配置"选项卡中,用户可以根据个人的作图习惯进行鼠标右键的设置,包括选择"Windows标准操作"选项组中"绘图区域中使用快捷菜单"复选框。单击"自定义右键单击"按钮,弹出如图1.26所示的"自定义右键单击"对话框。

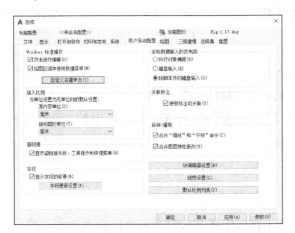

图1.25 "用户系统配置"选项卡　　　图1.26 "自定义右键单击"对话框

"自定义右键单击"对话框包括以下内容:

①打开计时右键单击:控制鼠标右键单击操作。

②默认模式:未拾取对象且未执行命令时,在绘图工作区中单击鼠标右键所产生的结果。

③编辑模式:拾取一个或多个对象且未执行命令时,在绘图工作区中单击鼠标右键所产生的结果。其中,"重复上一个命令"是选中了一个或多个对象且未执行命令时,在绘图工作区中单击鼠标右键的功能与按[Enter]键相同,即重复上一次使用的命令。

④命令模式:其功能是当命令正在执行时,在绘图工作区中单击鼠标右键所产生的结果。其一是"确认",该功能与按[Enter]键相同;其二是"快捷菜单:总是启用";其三是"快捷菜单:命令选项存在时可用",当正在执行命令时,如果该命令存在选项,右键单击则弹出快捷菜单。

1.8.2　实时平移

(1)功能

在不改变图形显示比例的前提下,通过"实时平移"命令调整图形的显示位置,相当于在绘图工作区内移动图纸。

(2)命令调用

①选择"视图"菜单→"平移"→"实时"命令。

②在命令行中键入"PAN",然后按[Enter]键执行命令。

③在绘图工作区内单击鼠标右键,从弹出的快捷菜单中选择"平移"命令。

命令执行后,光标变成一只手的形状 ✋,此时,在绘图工作区内按住鼠标左键并拖动鼠标,即可平移图形。按[Esc]键或[Enter]键则退出实时平移模式。

1.8.3 绘图工作区内图形的缩放

(1)功能

在需要进行图样细部的绘制或察看时,可用于放大图形的某一个特定区域;当图形完成时,可用来观察其整体效果。此功能仅调整图形在绘图工作区的显示比例,并不改变图样的真实尺寸。

(2)命令调用

①选择"视图"菜单→"缩放"→"实时"命令。

②在命令行中键入"ZOOM",然后按[Enter]键执行命令。

③单击"标准"工具栏中的"实时缩放"按钮 ⊞ 或"缩放"工具栏中的"动态缩放"按钮 ⊞。

1.8.4 图形的重绘

(1)功能

在图样的绘制和编辑过程中,屏幕绘图工作区中常常会留下对象的拾取标记。这些临时标记并非图形中的对象,其存在直接影响读图、绘图。此时,可用 AutoCAD 的重绘命令刷新绘图工作区,以清除这些标记。

(2)命令调用

①选择"视图"菜单→"重画"命令。

②在命令行中键入"REDRAWALL",然后按[Enter]键执行命令。

1.8.5 图形的重生成

(1)功能

利用"重生成"命令可重新生成屏幕,以使 AutoCAD 2020 从磁盘中重新读取当前图样的数据。由于执行该命令时需要重新计算,因此,图形的生成速度较慢,相应地,更新屏幕所耗时间也较长。而使用"全部重生成"命令,则可以同时更新多个视口内的绘图工作区。

(2)命令调用

①选择"视图"菜单→"重生成"命令。

②选择"视图"菜单→"全部重生成"命令。

③在命令行中键入"REGEN"或"REGENALL",然后按[Enter]键执行命令。

1.8.6 命名视图的使用

(1)功能

绘制图样时,往往需要在图样的不同细部之间进行转换。此时,除了使用平移和缩放功能来调整视图外,还可以通过将图样不同局部的视图保存成命名视图,进而通过不同命名视图来切换查看图样的不同细部。

如图1.27所示,"视图管理器"对话框中,用户可创建、设置、重命名及删除命名视图。其中,"当前视图"项显示了当前视图的名称;而"查看"组合框中则列出了已命名的视图以及可作为当前视图的类别。

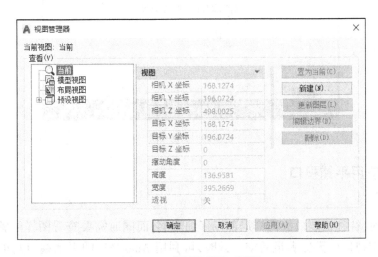

图1.27　"视图管理器"对话框

（2）命令调用

①选择"视图"菜单→"命名视图…"命令。

②单击"视图"工具栏中的"命名视图…"按钮 。

③在命令行中键入"VIEW",然后按[Enter]键执行命令。

（3）操作示例

①选择"视图"菜单→"命名视图…"命令,弹出"视图管理器"对话框,如图1.27所示。

②单击对话框中的"新建"按钮,弹出"新建视图/快照特性"对话框,如图1.28所示。

③在对话框的"视图名称"文本框中输入新建视图名称,例如,"View-Main"。

④在"视图特性"选项卡中选择"定义窗口"单选按钮,然后单击按钮 ,对话框暂时隐藏并返回至模型空间,如图1.29所示。在某个图样周围指定两个对角点后按[Enter]键,即在屏幕上显示所选区域。

如果需要使用"View-Main"所设定的视图,可以选择"视图"菜单→"命名视图…"命令,再在弹出的对话框中选择"View-Main",然后单击"置为当前"按钮,视图窗口中将显示刚才两个对角点所包含的区域。

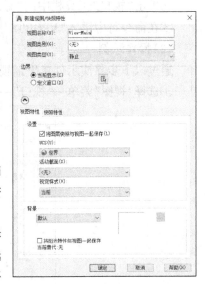

图1.28　"新建视图/快照特性"对话框

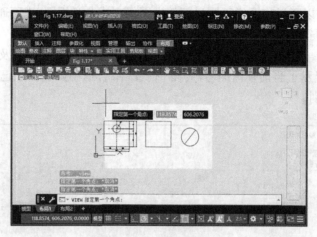

图 1.29　新建视图

1.8.7　使用平铺视口

（1）功能

绘制图样时，往往需要放大图样局部以仔细观察，而同时需要查看图样的整体效果时，仅使用单一的绘图视口已无法满足需求。此时，可利用 AutoCAD 的平铺视口功能，将绘图工作区划分为多个视口。用户可在视口对话框中创建模型空间的新的视口配置，并对这些视口配置进行命名、保存等操作。

（2）命令调用

①选择"视图"菜单→"视口"菜单项，展开其子菜单，从中可选择"一个视口"或"两个视口"等。

②单击"视口"工具栏中的"显示'视口'对话框"按钮 ▦。

③在命令行中键入"VPORTS"，然后按[Enter]键执行命令。

（3）操作示例

通过以下步骤演示创建平铺视口的操作：

①选择"视图"菜单→"视口"→"新建视口…"命令，弹出"视口"对话框，如图 1.30 所示。

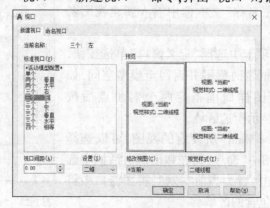

图 1.30　"视口"对话框

②在"标准视口"列表框中选择可用的标准视口配置"三个:左",此时,"预览"组合框中将显示所选视口配置及已赋给每个视口的默认视图的预览效果,如图1.30所示。

在日常绘图过程中,用户可以在"标准视口"列表框中直接单击需要的标准视口,或者利用"视图"菜单→"视口"子菜单中的"一个视口""两个视口"等命令,并依据提示在命令行中输入相应的选项来选定所需的视口。

1.9　AutoCAD 2020 坐标定位

为了在绘图过程中精确地定位某个对象,必须以某个坐标为参照,以便精确地拾取点的位置。利用 AutoCAD 2020 的坐标系即可实现精确绘图。

1.9.1　世界坐标系和用户坐标系

世界坐标系(WCS)由两两相互垂直的三条坐标轴构成,其中,X 轴水平向右,Y 轴垂直向上,两者构成的 XOY 平面即为绘图平面,Z 轴则垂直于 XOY 平面向外,三轴线的方向符合右手定律,三轴线的交点为坐标系原点。当启动 AutoCAD 2020 应用程序或开始绘制新的图形时,系统提供的坐标系即为 WCS。

绘图工作区的左下角为坐标系原点,即"0,0,0",水平向右为 X 轴的正方向,垂直向上为 Y 轴的正方向,过原点且垂直于 XOY 平面指向用户的方向为 Z 轴正方向。对于二维绘图,点的坐标可以用"X,Y"表示,当 AutoCAD 2020 要求用户输入"X""Y"坐标而省略"Z"坐标时,表明 AutoCAD 2020 将以用户所设的当前高度(即 XOY 平面的高度)的值作为"Z"坐标。图1.31所示为世界坐标系和用户坐标系。

a)世界坐标系　　　b)用户坐标系Ⅰ　　　c)用户坐标系Ⅱ

图1.31　世界坐标系和用户坐标系

1.9.2　坐标的表示方法

在 AutoCAD 2020 中,对象的绝对坐标是相对于当前坐标系原点而言的,而相对坐标则指利用相对于前一个点的 X、Y 坐标增量来表示的坐标。故,AutoCAD 2020 的坐标共分为四类:绝对直角坐标、绝对极坐标、相对直角坐标以及相对极坐标。

(1)绝对直角坐标

绝对直角坐标指以"X,Y,Z"的形式表达的点的位置。在二维绘图过程中,只需键入 X、Y 坐标,Z 坐标可忽略,例如,"50,50"表示的点的坐标为"50,50,0"。AutoCAD 2020 的坐标原点"0,0"默认位置为绘图工作区左下角,X 坐标向右为正,Y 坐标向上为正。当使用键盘键入点的 X、Y 坐标值时,两者之间用逗号","进行分隔,不使用括号。此外,坐标值可正可负。

（2）绝对极坐标

绝对极坐标以"距离<角度"的形式表达一个点的位置,也是以坐标系原点为基准,以原点与该点连线的长度为"距离",以连线与 X 轴正方向的夹角为"角度"来确定点的位置。例如,键入点的极坐标"100<60",则表示该点到原点的距离为100,该点与原点的连线与 X 轴正方向的夹角为60°。

（3）相对直角坐标

使用相对直角坐标时在键入的坐标值前必须加"@"符号。例如,已知前一点的坐标值为"50,50",在键入点的提示后键入相对直角坐标值为"@30,30",则该点的绝对坐标值为"80,80",即相对于前一点位置而言,该点沿 X、Y 轴正方向均移动30。

（4）相对极坐标

使用相对极坐标时,在距离值前加"@"符号。例如,"@20<30",表示键入点与前一点的连线距离为20,连线与 X 轴正方向之间的夹角为30°。

1.9.3　坐标显示控制

使用 AutoCAD 2020 过程中,在绘图工作区移动十字光标时,状态栏中将动态显示当前光标所处位置的坐标。AutoCAD 2020 中,坐标的显示取决于用户所选的模式和程序中运行的命令,包括静态显示、动态显示以及距离和角度的显示。静态显示模式下,仅当指定点时才更新,动态显示模式下,坐标的显示随着光标的移动实时更新,而距离和角度显示是指随光标移动而更新相对距离和角度值（距离<角度）,该选项当且仅当绘图需要键入多个点的直线或其他对象时才可用。

用户可在命令行中键入"COORDS"来控制状态栏上坐标的格式和更新频率,常用的设置包括"0""1"和"2"三种。

①键入"0"：坐标不会动态更新,当用光标拾取一个新点时,状态栏显示的坐标值才会更新。

②键入"1"：显示光标的绝对坐标,该坐标值为动态更新,即随着光标在绘图工作区中的移动实时显示光标所处位置的绝对坐标值,这也是坐标显示的默认设置值。

③键入"2"：显示相对坐标,该模式下,若当前为拾取点状态,则状态栏显示光标所处位置相对于上一个点的距离和角度,若当前非拾取点状态,则坐标显示为绝对坐标模式。

1.9.4　坐标系的创建

（1）功能

UCS 是 AutoCAD 2020 所提供的可移动坐标系,即用户坐标系。通过 UCS 的设置可使用户对特写场景的绘图需求变得事半功倍,例如,通过 UCS 的旋转使用户在三维或旋转视图中轻松实现点的拾取。

（2）命令调用

①选择"工具"菜单→"新建 UCS"菜单项,展开其子菜单,从中选择相应的方式创建坐标系。

②单击"UCS"工具栏中的"UCS"按钮 ⏣。

③在命令行中键入"UCS",然后按［Enter］键执行命令。

（3）操作示例 I

根据图 1.32 所示的两点来确定用户坐标系,两点坐标分别为 A(20,20)、B(30,30)。

在命令行中键入"UCS"并按[Enter]键,命令行提示如下:

命令:UCS↙

当前 UCS 名称: ＊世界 ＊

指定 UCS 的原点或[面(F)/命名(NA)/对象(OB)/上一个(P)/视图(V)/世界(W)/X/Y/Z/Z 轴(ZA)]<世界>:

根据命令行提示,利用鼠标定点的方式左键点击拾取点 A 以确定新的原点,如图 1.32a)所示。紧接着,命令行提示如下:

指定 X 轴上的点或<接受>:

此时,再次利用鼠标定点方式左键点击拾取点 B,如图 1.32b)所示,命令行继续提示如下:

指定 XY 平面上的点或<接受>:

此时,按[Enter]键以表示接受,同时结束命令,新的坐标系如图 1.32c)所示。

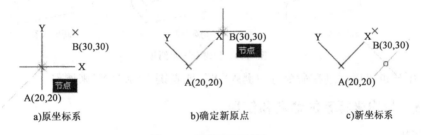

a)原坐标系　　　　　　　　b)确定新原点　　　　　　　　c)新坐标系

图 1.32　创建 UCS 示例 I

AutoCAD 2020 提供了指定原点或者面、对象等多个选项,其中,"指定 UCS 的原点"表示用户可以使用一点、两点或三点定义一个新的 UCS。如果指定单点,当前 UCS 的原点将会移动且不会更改 X、Y 和 Z 轴的方向;如果指定第二个点,则 UCS 将旋转,以将 X 轴正方向通过第二个点;如果指定第三个点,则 UCS 将绕新的 X 轴旋转来定义 Y 轴的正方向,这三点可指定为原点、X 轴正方向的点以及 XY 平面上的点。

(4)操作示例 II

基于图 1.33a)中的棱柱体斜面确定用户坐标系。

在命令行中键入"UCS"并按[Enter]键,命令行提示如下:

命令:UCS↙

当前 UCS 名称: ＊世界 ＊

指定 UCS 的原点或[面(F)/命名(NA)/对象(OB)/上一个(P)/视图(V)/世界(W)/X/Y/Z/Z 轴(ZA)]<世界>:

此处采用选择对象的"面"来确定用户坐标系,因此,需要根据命令行提示,在命令行中键入"F"以选择"面(F)"的方式。命令行提示如下：

> 指定 UCS 的原点或[面(F)/命名(NA)/对象(OB)/上一个(P)/视图(V)/世界(W)/X/Y/Z/Z 轴(ZA)]＜世界＞:F↙
> 选择实体面、曲面或网格：

移动光标靠近棱柱体的斜面，稍后该区域出现高亮显示，然后按下鼠标左键选择该区域，如图 1.33b)所示。此时，命令行提示如下：

> 输入选项[下一个(N)/X 轴反向(X)/Y 轴反向(Y)]＜接受＞:↙

此时，在命令行中直接按[Enter]键结束命令，结果如图 1.33c)所示，由图 1.33a)和 c)可看出原坐标系和用户坐标系的不同。

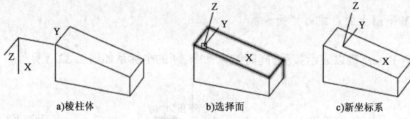

a)棱柱体　　　　　b)选择面　　　　　c)新坐标系

图 1.33　创建 UCS 示例Ⅱ

此外，用户也可以通过在命令行中键入"N"，或者键入"X""Y"来调整。

1.9.5　用户坐标系的命名和使用

(1)功能

AutoCAD 2020 为用户提供了用户坐标系命名功能，用户可使用"UCS"命令将设置的用户坐标系命名、保存或加载。当创建的用户坐标系不断增加时，基于"UCS"命令的用户坐标系的操作将变得繁琐。此时，可通过 AutoCAD 2020 提供的 UCS 管理器来方便地进行用户坐标系的存储、删除及调用等操作。

(2)命令调用

①选择"工具"菜单→"命名 UCS…"命令，弹出"UCS"对话框。

②在命令行中键入"＋UCSMAN"命令，根据命令行提示键入"0"或"1"可进入"UCS"对话框中的"命名 UCS"选项卡或"正交 UCS"选项卡。

(3)操作示例Ⅰ

此处基于图 1.34 所设置的"UCS-A"和"UCS-B"两个用户坐标系进行如下操作示范：

①在命令行中键入"UCS"命令，并回车，根据提示创建两个用户坐标系，将其分别命名为

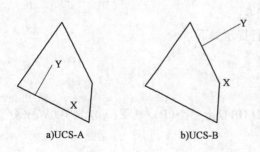

a)UCS-A　　　　　b)UCS-B

图 1.34　UCS 管理示例

"UCS-A"和"UCS-B",如图1.35所示。

②选择"工具"→"命名UCS"命令,弹出"UCS"对话框,切换到"命名UCS"选项卡,从中可见当前存在"UCS-A""UCS-B"和"世界"坐标系,可将选择的"UCS-A"坐标系设置为当前坐标系,绘图工作区中将显示所设置的用户坐标系,如图1.36所示。

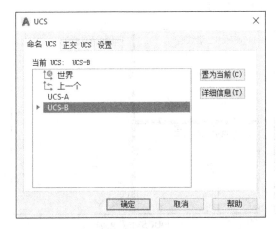

图1.35 "命名UCS"选项卡

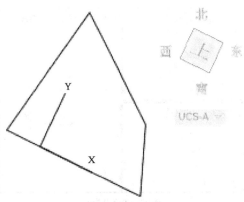

图1.36 将UCS-A设置为当前坐标系

③切换到"正交UCS"选项卡,从"相对于"下拉列表中选择"UCS-A",如图1.37所示。

④选择"视图"→"三维视图"命令,从打开的子菜单中选择"俯视"命令,绘图工作区中将显示出用户正交坐标系的结果,如图1.38所示。

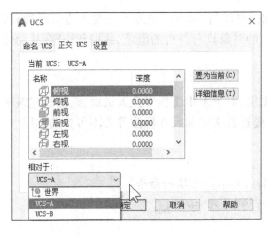

图1.37 "正交UCS"选项卡

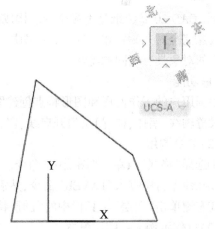

图1.38 使用"正交UCS"-俯视视图

1.9.6 当前视口中UCS的设置

为了方便对不同视图中的对象进行编辑,用户可以为每个视图定义不同的UCS。多个视口可提供模型的不同视图,例如,可设置显示俯视图、主视图、右视图和等轴测视图等视口。每次将某一个视口设置为当前视口后,都可在该视口中使用其上一次作为当前视口时所用的UCS。

每个视口中的UCS均由UCSVP系统变量控制。若某个视口中的UCSVP值设为1,则上一次在该视口中所用的 UCS 与视口一起保存,并在该视口下一次被置为当前视口时恢复。若某个视口中的 UCSVP 值设为 0,该视口中的 UCS 将始终与当前视口中的 UCS 保持一致。

对于图 1.39 所示的形体,若将三个视口的"UCSVP"值均设置为 0,则可看到,当在右侧视口中改变 UCS 时,三个视口都将发生相应变化;若将左上角"俯视图"视口的"UCSVP"值设置为 1,则在其他视口改变 UCS 时该视口仍保持原来的坐标系。

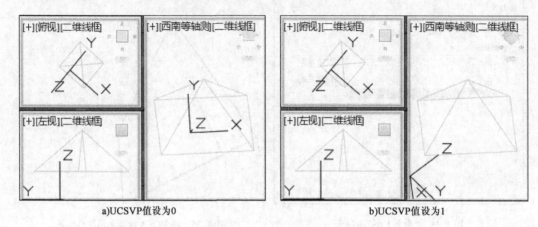

a)UCSVP值设为0   b)UCSVP值设为1

图 1.39　设置当前视口的 UCS

1.10　图　层　管　理

AutoCAD 2020 图纸是由多个图层构成的,可以将"图层"视为无厚度的透明胶片,将多层透明胶片完全对齐叠置在一起。每一图层上的对象具有各自的颜色、线型和线宽,从而使同一图层上的对象具有相同的特性。

(1)功能

根据用户的工作性质和图形特点创建图层,对于土木工程专业人员而言,绘制建筑平面图需要设置轴线、墙体、柱、门及门开启线、窗、楼梯及文字和尺寸标注等必不可少的图层。

(2)命令调用

①选择"格式"菜单→"图层…"命令。

②在命令行中键入"LAYER"命令,然后按[Enter]键执行命令。

③左键单击"图层"工具栏中的"图层特性管理器"按钮 。

(3)操作示例——图层设置

①在命令行中键入"LAYER"命令,然后按[Enter]键执行命令,AutoCAD 2020 将弹出"图层特性管理器"选项板,如图 1.40 所示。

②左键单击"图层特性管理器"上部的"新建图层"按钮 可创建新图层,如图 1.41 所示。此时,AutoCAD 2020 将增加新的图层,其默认名称为"图层 1",该图层的属性继承"0"图层的特性。亦可通过连续单击该按钮来连续增加新的图层。

③图层名称修改。左键单击以选中"名称"列中要修改名称的图层,再右键单击该选中图层,从弹出的快捷菜单中选择"重命名图层"命令,并将其命名为"CENT"。

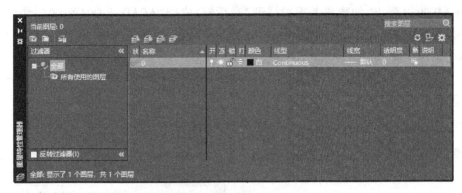

图1.40 "图层特性管理器"选项板

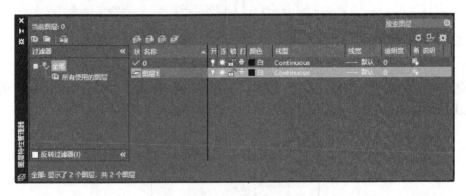

图1.41 新建图层

④图层颜色的修改。移动光标至"CENT"图层的"颜色"列下,左键单击颜色按钮弹出"选择颜色"对话框,如图1.42所示,从中选择合适的颜色,例如"红"色。

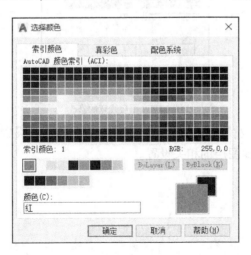

图1.42 图层颜色的修改

⑤图层线型的修改。移动光标至"CENT"图层的"线型"列下,左键单击其中的"Continuous",AutoCAD 2020弹出"选择线型"对话框,此时,该对话框内仅有"Continuous"一种线型,如图1.43所示。为了增加"CENT"图层所需的点划线,单击"选择线型"对话框中的"加载"按

钮,AutoCAD 2020弹出"加载或者重载线型"对话框,选择"ACAD_ISO04W100",将该线型载入"选择线型"对话框,然后选中该线型并左键单击"确定"按钮以关闭"选择线型"对话框,此时,该线型被设置为"CENT"图层所用线型。

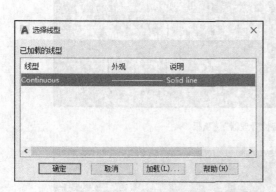
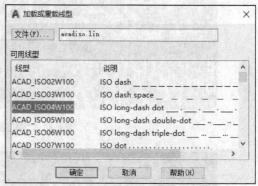

图1.43 图层线型的修改

⑥图层线宽的修改。移动光标至"CENT"图层的"线宽"列下,左键单击其中的"默认",AutoCAD 2020弹出"线宽"对话框,如图1.44所示,从中选择合适的线宽,例如,"0.25mm"。

图1.44 图层线宽的修改

⑦选中"CENT"图层,左键单击"置为当前"按钮 ,将完成设置的"CENT"图层置为当前图层。类似地,可完成其他图层的相关设置。

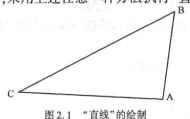

第2章

二维图形的绘制

在工业设计和土木建筑制图中,无论涉及的图形多么复杂,都是由一个或多个基本对象组成的,用户可通过使用鼠标定点或命令行操作来完成基本对象的绘制。二维图形对象是整个AutoCAD 2020 的绘图基础,这些对象主要包括直线、圆、圆弧、椭圆、椭圆弧、多段线、构造线、射线、多线、点、样条曲线、矩形、正多边形和圆环等。用户应熟练地掌握上述基本图形对象的绘制方法和技巧。这也是后续章节中复杂图形绘制和三维图形绘制的基础。本章主要介绍如何应用 AutoCAD 2020 绘制二维平面图形。

2.1　直线的绘制

直线是各种图样中最常见的一类图形对象,只需指定起点和终点便可绘制直线。在 Auto-CAD 2020 中,可以用二维坐标(x,y)或三维坐标(x,y,z)来指定直线的两个端点。如果键入二维坐标,AutoCAD 2020 将会用当前的高度值作为 Z 轴坐标值,其默认值为 0。

（1）功能

在所有图形对象中,直线是最基本的一类对象。使用直线命令可生成单条直线,亦可生成连续折线。

（2）命令调用

用户可通过以下方式之一绘制直线：

①左键单击"常用"选项卡→"绘图"面板中的"直线"按钮 ￼。

②选择"绘图"菜单→"直线"命令。

③在命令行中键入"LINE"或"L",然后按[Enter]键执行命令。

（3）操作示例

绘制如图 2.1 所示的图形,采用上述任意一种方法执行"直线"命令。命令行提示如下：

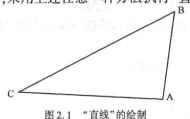

图 2.1　"直线"的绘制

命令:_line
指定第一点:(可使用定点设备拾取点 A,或者亦可以键入 A 点坐标)
指定下一点[放弃(U)]:(此时可拾取点 B)
指定下一点[放弃(U)]:(此时可拾取点 C)
指定下一点[放弃(U)]:(此时可拾取点 A,或者在命令行中键入"c",并按[Enter]键)

2.2 圆、圆弧、椭圆和椭圆弧的绘制

在 AutoCAD 2020 中,圆、圆弧、椭圆和椭圆弧均属于曲线对象,相对而言,这类对象的绘制方法稍复杂一些,但 AutoCAD 2020 为这类对象的绘制提供了很多方法和途径,可通过多种命令绘制各种附条件限制的圆、圆弧、椭圆和椭圆弧对象。

2.2.1 圆的绘制

圆的绘制方法有多种,例如,指定圆心和半径、指定圆上的三点和指定两个切点及半径等。绘制圆时,应根据具体条件视方便程度灵活运用不同的方法。AutoCAD 2020 默认的绘制圆的方法是指定圆心和半径。

1)功能

圆这类对象,既可以作为独立图形存在,也可以用来平滑地连接其他图形,用户应根据实际需要选用合适的方法。

2)命令调用

用户可通过以下方式之一绘制圆:

①选择"绘图"菜单→"圆"子菜单中的某个子命令,例如,"圆心、半径"命令等,如图 2.2 所示。

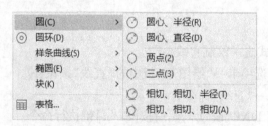

图 2.2 绘制"圆"命令

②左键单击"绘图"工具栏中的"圆"按钮 ⊙ 。

③在命令行中键入"CIRCLE"或"C",然后按[Enter]键执行命令。

3)操作示例

下面分别介绍绘制圆的几种常用方式。

(1)圆心、半径(或直径)

执行"圆"命令,命令行提示如下:

命令:_circle

指定圆的圆心或［三点(3P)/两点(2P)/切点、切点、半径(T)］:(可使用定点设备在图形中拾取圆心,亦可以在命令行中键入圆心坐标)

指定圆的半径或［直径(D)］:[默认为指定半径,在命令行中键入"D"并按[Enter]键,为指定直径。亦可在图形中拾取两点作为半径(或直径)长度,也可以在命令行中键入具体数值,并按[Enter]键结束操作]

图形绘制结果如图2.3所示。

(2)两点

执行"圆"命令,命令行提示如下:

命令:_circle

指定圆的圆心或［三点(3P)/两点(2P)/切点、切点、半径(T)］:(键入"2P"并按[Enter]键)

指定圆直径的第一个端点:(指定A点)

指定圆直径的第二个端点:(指定B点)

图形绘制结果如图2.4所示。

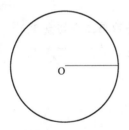 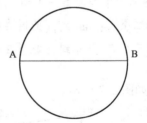

图2.3 通过指定半径和圆心绘制圆　　图2.4 通过指定两点绘制圆

(3)三点

执行"圆"命令,命令行提示如下:

命令:_circle

指定圆的圆心或［三点(3P)/两点(2P)/切点、切点、半径(T)］:(键入"3P"并按[Enter]键)

指定圆上的第一个点:(指定A点)

指定圆上的第二个点:(指定B点)

指定圆上的第三个点:(指定C点)

图形绘制结果如图2.5所示。

(4)相切、相切、半径

执行"圆"命令,命令行提示如下:

命令:_circle

指定圆的圆心或［三点(3P)/两点(2P)/切点、切点、半径(T)］:(键入"T"并按[Enter]键)

指定对象与圆的第一个切点:(指定 D 点)

指定对象与圆的第二个切点:(指定 E 点)

再指定圆的半径,图形绘制结果如图2.6所示。

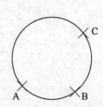

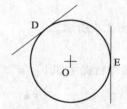

图2.5　通过指定三点绘制圆　　　图2.6　通过"相切、相切、半径"方式绘制圆

(5)相切、相切、相切

选择"绘图"菜单→"圆"→"相切、相切、相切"命令。命令行提示如下:

命令:_circle

指定圆的圆心或［三点(3P)/两点(2P)/切点、切点、半径(T)］:_3p 指定圆上的第一个点:_tan到,(此时在图形中拾取第一个切点 T_1)

指定圆上的第二个点:_tan 到,(此时在图形中拾取第二个切点 T_2)

指定圆上的第三个点:_tan 到,(此时在图形中拾取第三个切点 T_3)

图形绘制结果如图2.7所示。

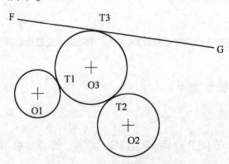

图2.7　通过"相切、相切、相切"方式绘制圆

2.2.2　圆弧的绘制

AutoCAD 2020 提供了丰富的绘制圆弧的方法,用户需要根据具体条件,选择合适的方式绘制所需圆弧。AutoCAD 2020 默认的圆弧绘制方式为指定三点的位置来绘制圆弧。

1)功能

圆弧为圆的一部分,常用的绘制方法包括:起点、圆心、端点;起点、圆心、长度;起点、圆心、角度等。

2）命令调用

用户可通过以下方式之一绘制圆弧：

①左键单击"绘图"工具栏中的"圆弧"按钮 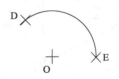 。

②选择"绘图"菜单→"圆弧"中的子命令，如图2.8所示。

③在命令行中键入"ARC"或"A"，然后按［Enter］键执行命令。

图2.8 绘制"圆弧"命令

3）操作示例

下面分别介绍 AutoCAD 2020 提供的绘制圆弧的几种常用方式。

（1）三点

①执行"圆弧"命令。

②指定圆弧的起点 A。

③指定圆弧的第二个点 B。

④指定圆弧的终点 C。图形绘制结果如图2.9所示。

（2）起点、圆心、端点

①执行"圆弧"命令。

②指定圆弧的起点 D。

③指定圆弧的圆心 O。

④指定圆弧的终点 E。图形绘制结果如图2.10所示。

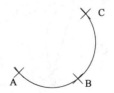

图2.9 通过指定三点绘制圆弧

图2.10 通过"起点、圆心、端点"方式绘制圆弧

（3）起点、圆心、角度

①执行"圆弧"命令。

②指定圆弧的起点 A。

③指定圆弧的圆心 O。

④指定包含角度,例如,30°(逆时针方向为正),以确定圆弧形状。图形绘制结果如图 2.11 所示。

(4)起点、圆心、长度

①执行"圆弧"命令。

②指定圆弧的起点 C。

③指定圆弧的圆心 O。

④指定圆弧的弦长,例如,400。图形绘制结果如图 2.12 所示。

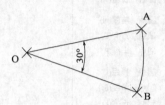

图 2.11　通过"起点、圆心、角度"方式绘制圆弧　　　　图 2.12　通过"起点、圆心、长度"方式绘制圆弧

(5)起点、端点、角度

①执行"圆弧"命令。

②指定圆弧的起点 A。

③指定圆弧的端点 B。

④指定包含角度,例如,45°。图形绘制结果如图 2.13 所示。

(6)起点、端点、方向

①执行"圆弧"命令。

②指定圆弧的起点 D。

③指定圆弧的端点 C。

④指定圆弧起点 D 处的切线方向,例如,DE 方向。图形绘制结果如图 2.14 所示。

(7)起点、端点、半径

①执行"圆弧"命令。

②指定圆弧的起点 A。

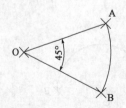

图 2.13　通过"起点、端点、角度"方式绘制圆弧　　　　图 2.14　通过"起点、端点、方向"方式绘制圆弧

③指定圆弧的端点 B。

④指定圆弧的半径 R。图形绘制结果如图 2.15 所示。

（8）圆心、起点、端点

①执行"圆弧"命令。

②指定圆弧的圆心 O。

③指定圆弧的起点 C。

④指定圆弧的端点 D。图形绘制结果如图 2.16 所示。

图 2.15　通过"起点、端点、半径"方式绘制圆弧　　　图 2.16　通过"圆心、起点、端点"方式绘制圆弧

2.2.3　椭圆的绘制

1）功能

椭圆是常见的一类图形对象，其形状由长轴和短轴决定。在 AutoCAD 2020 中，默认的椭圆的绘制方法是指定一根轴的两个端点和另一根轴的半轴长度。

2）命令调用

用户可通过以下方式之一绘制椭圆：

①左键单击功能区"常用"选项卡中的"绘图"面板上的"椭圆"按钮 ⊙ 。

②选择"绘图"菜单→"椭圆"中的子菜单，如图 2.17 所示。

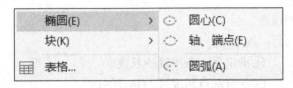

图 2.17　绘制"椭圆"命令

③在命令行中键入"ELLIPSE"或"EL"，然后按［Enter］键执行命令。

3）操作示例

常用的椭圆的绘制方法有两种：一种是指定一根轴的两个端点及另一根轴的半轴长度；另一种是指定中心点及两根轴的端点。下面分别示例。

（1）圆心

①执行"椭圆"命令。

②指定椭圆的中心点 O。

③指定椭圆的轴端点 A。

④指定另一根半轴的长度 R。图形绘制结果如图 2.18 所示。

（2）轴、端点

①执行"椭圆"命令。

②指定椭圆的轴端点 A。

③指定轴的另一个端点 B。

④指定另一根半轴的长度 R。图形绘制结果如图 2.19 所示。

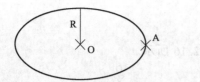
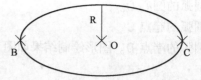

图 2.18　通过"圆心"方式绘制椭圆　　　　图 2.19　通过"轴、端点"方式绘制椭圆

2.2.4　椭圆弧的绘制

（1）功能

椭圆弧作为椭圆的一部分，其绘制方法为先绘制椭圆，再选取椭圆弧的起点角度和终点角度。

（2）命令调用

用户可通过以下方式之一绘制椭圆弧：

①左键单击功能区"常用"选项卡中的"绘图"面板上的"椭圆弧"按钮 椭圆弧 。

②选择"绘图"菜单→"椭圆"中的子菜单"圆弧"，如图 2.17 所示。

③在命令行中键入"ELLIPSE"或"EL"，然后按［Enter］键执行命令。命令行提示如下："指定椭圆的轴端点或［圆弧（A）/中心点（C）］"，键入"A"，并按［Enter］键执行命令。

（3）操作示例

①执行"椭圆弧"命令。

②指定椭圆弧的轴端点。

③指定椭圆弧轴的另一端点。

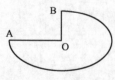

④指定另一条半轴的长度。

⑤指定起点角度，即 OA 方向。

⑥指定端点角度，即 OB 方向。图形绘制结果如图 2.20 所示。

注意：AutoCAD 2020 中默认的 0° 为 OA 方向，即水平方向，其角度按逆时针方向增加。

图 2.20　绘制椭圆弧

2.3　多段线的绘制与编辑

多段线是 AutoCAD 2020 中非常有用的一类线段对象，它是由多条直线或圆弧构成的组合体，各构成部分既可以一起编辑，也可以分别编辑，还可赋予不同的宽度值。

2.3.1　多段线的绘制

多段线是由多条直线或圆弧构成的连续线条，在 AutoCAD 2020 中，它作为一类独立的图形对象存在。

（1）功能

相对于单一直线而言，多段线具有独特的优势，其提供的编辑选择多于单条直线，可直可曲、亦可宽可窄，宽度还可以多变；既能作为整体编辑，也可以分段编辑。

（2）命令调用

用户可通过以下方式之一绘制多段线：

①左键单击功能区"常用"选项卡中的"绘图"面板上的"多段线"按钮 。

②选择"绘图"菜单→"多段线"命令，如图2.21所示。

③在命令行中键入"PLINE"或"PL"，然后按［Enter］键执行命令。

（3）操作示例

按上述方式之一执行"多段线"绘制命令，圆形绘制结果如图2.22所示。命令行提示如下：

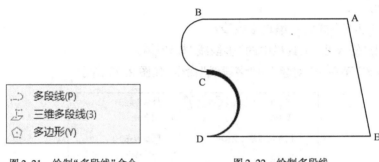

图2.21　绘制"多段线"命令　　　　图2.22　绘制多段线

命令：_pline

指定起点：（拾取点A）

指定下一点或［圆弧（A）/闭合（C）/半宽（H）/长度（L）/放弃（U）/宽度（W）］：（拾取点B）

指定下一点或［圆弧（A）/闭合（C）/半宽（H）/长度（L）/放弃（U）/宽度（W）］：A（切换到画圆弧模式）

指定圆弧的端点或［角度（A）/圆心（CE）/闭合（CL）/方向（D）/宽度（H）/直线（L）/半径（R）/第二个点（S）/放弃（U）/宽度（W）］：（拾取点C）

指定圆弧的端点或［角度（A）/圆心（CE）/闭合（CL）/方向（D）/宽度（H）/直线（L）/半径（R）/第二个点（S）/放弃（U）/宽度（W）］：H（设定线宽）

指定起点半宽＜0.0000＞：10

指定端点半宽＜0.0000＞：1

指定圆弧的端点或［角度（A）/圆心（CE）/闭合（CL）/方向（D）/宽度（H）/直线（L）/半径（R）/第二个点（S）/放弃（U）/宽度（W）］：（拾取点D）

指定圆弧的端点或［角度（A）/圆心（CE）/闭合（CL）/方向（D）/宽度（H）/直线（L）/半径（R）/第二个点（S）/放弃（U）/宽度（W）］：L（切换到画直线模式）

指定下一点或［圆弧（A）/闭合（C）/半宽（H）/长度（L）/放弃（U）/宽度（W）］：（拾取点E，此时的线宽为2.0000）

指定下一点或[圆弧(A)/闭合(C)/半宽(H)/长度(L)/放弃(U)/宽度(W)]:W(设置线宽)

　　指定起点宽度<2.0000>:0

　　指定端点宽度<0.0000>:0

　　指定下一点或[圆弧(A)/闭合(C)/半宽(H)/长度(L)/放弃(U)/宽度(W)]:C(闭合多段线)

2.3.2　多段线的编辑

(1)功能

多段线绘制完成后,可对其进行修改编辑。

(2)命令调用

用户可通过以下方式之一编辑多段线:

①左键单击"修改Ⅱ"工具栏中的"多段线"按钮 。

②选择"修改"菜单→"对象"→"多段线"命令,如图2.23所示。

图2.23　编辑"多段线"命令

③在命令行中键入"PEDIT"或"PE",然后按[Enter]键执行命令。

(3)操作示例

按上述方式之一执行"多段线"编辑命令,命令行提示如下:

命令:_pedit

选择多段线或[多条(M)]:[选取所要编辑的多段线,如图2.24a)所示]

输入选项[闭合(C)/合并(J)/宽度(W)/编辑顶点(E)/拟合(F)/样条曲线(S)/非曲线化(D)/线型生成(L)/反转(R)/放弃(U)]:C[闭合多段线,如图2.24b)所示]

输入选项[闭合(C)/合并(J)/宽度(W)/编辑顶点(E)/拟合(F)/样条曲线(S)/非曲线化(D)/线型生成(L)/反转(R)/放弃(U)]:W[编辑多段线的宽度,此处设为10,如图2.24c)所示]

输入选项[闭合(C)/合并(J)/宽度(W)/编辑顶点(E)/拟合(F)/样条曲线(S)/非曲线化(D)/线型生成(L)/反转(R)/放弃(U)]:F[拟合多段线,如图2.24d)所示]

输入选项[闭合(C)/合并(J)/宽度(W)/编辑顶点(E)/拟合(F)/样条曲线(S)/非曲线化(D)/线型生成(L)/反转(R)/放弃(U)]:D[对图2.24d)所示的图形执行上述操作即可得到图2.24a)所示的结果]

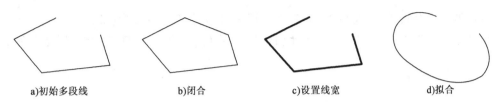

| a)初始多段线 | b)闭合 | c)设置线宽 | d)拟合 |

图2.24 编辑多段线

2.4 平面图形的绘制

常见的平面图形包括矩形、多边形等,AutoCAD 2020 提供了绘制矩形、多边形的多种方法供用户快速地绘制任意多边形。

2.4.1 矩形的绘制

(1)功能

矩形是一个图形单元,可采用指定矩形对角点或指定一个顶点后再指定矩形的长、宽及方位的方式绘制。

(2)命令调用

用户可通过以下方式之一绘制矩形:

①左键单击功能区"常用"选项卡中"绘图"面板上的"矩形"按钮 。

②选择"绘图"菜单→"矩形"命令,如图2.25 所示。

③在命令行中键入"RECTANG"或"REC",然后按[Enter]键执行命令。

图2.25 绘制"矩形"命令

(3)操作示例

按上述方式之一执行"矩形"命令,命令行提示如下:

```
命令:_rectang
指定第一个角点或[倒角(C)/标高(E)/圆角(F)/厚度(T)/宽度(W)]:(拾取点 A)
指定另一个角点或[面积(A)/尺寸(D)/旋转(R)]:(拾取点 C,所得图形如图2.26 所示)

命令:_rectang
指定第一个角点或[倒角(C)/标高(E)/圆角(F)/厚度(T)/宽度(W)]:C
指定矩形的第一个倒角距离 <0.0000>:150
指定矩形的第二个倒角距离 <0.0000>:150
指定第一个角点或[倒角(C)/标高(E)/圆角(F)/厚度(T)/宽度(W)]:
指定另一个角点或[面积(A)/尺寸(D)/旋转(R)]:(指定对角点,所得图形如图2.27 所示)

命令:_rectang
指定第一个角点或[倒角(C)/标高(E)/圆角(F)/厚度(T)/宽度(W)]:F
指定矩形的圆角半径 <0.0000>:150
```

指定第一个角点或[倒角(C)/标高(E)/圆角(F)/厚度(T)/宽度(W)]:

指定另一个角点或[面积(A)/尺寸(D)/旋转(R)]:(指定对角点,所得图形如图2.28所示)

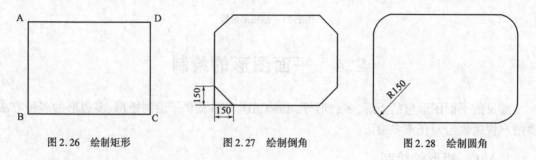

图2.26　绘制矩形　　　　　图2.27　绘制倒角　　　　　图2.28　绘制圆角

2.4.2　正多边形的绘制

(1)功能

多边形绘制命令可用来绘制封闭的等边多边形,AutoCAD 2020系统可以绘制边数为3~1024的等边多边形。

(2)命令调用

用户可通过以下方式之一绘制正多边形:

①左键单击功能区"常用"选项卡中"绘图"面板上的"多边形"按钮 ⬡ 。

②选择"绘图"菜单→"多边形"命令,如图2.25所示。

③在命令行中键入"POLYGON"或"POL",然后按[Enter]键执行命令。

(3)操作示例

按上述方式之一执行"矩形"命令,命令行提示如下:

命令:_ polygon

输入侧面数<4>:5

指定正多边形的中心点或[边(E)]:

输入选项[内接于圆(I)/外切于圆(C)]<I>:(系统默认绘制内接于圆的正多边形)

指定圆的半径:200[所得图形如图2.29a)所示实线多边形,若选择外切于圆,则结果如图2.29b)所示]

命令:_ polygon

输入侧面数<4>:6

指定正多边形的中心点或[边(E)]:E

指定边的第一个端点:(拾取点A)

指定边的第二个端点:[拾取点B,所得图形如图2.29c)所示,注意:应按逆时针方向依次拾取端点]

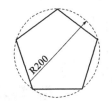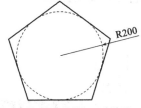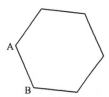

a)半径为200的内接正多边形   b)半径为200的外切正多边形   c)用已知边绘制正多边形

图2.29　绘制正多边形

2.5　多线的绘制和编辑

多线是由多条平行的直线所组成的图形对象,其中,每条平行直线均称为元素。用户可以调整元素的数量、间距、颜色、线型及接头等,以满足不同的应用需求。多线常用于绘制墙体、电子元件线路等建筑图中的平行线对象。

2.5.1　多线的绘制

(1)功能

多线可具有多种不同的样式,在创建新图形时,AutoCAD 2020 自动创建一个"标准"多线样式作为默认值,用户也可以根据需要自行定义新的多线样式。

(2)命令调用

用户可通过以下方式之一绘制多线:

①选择"绘图"菜单→"多线"命令,如图 2.30 所示。

②在命令行中键入"MLINE",然后按[Enter]键执行命令。

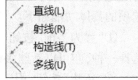

图2.30　绘制"多线"命令

(3)操作示例

按上述方式之一执行"多线"命令,命令行提示如下:

```
命令:_ mline
当前设置:对正 = 上,比例 = 20.00,样式 = STANDARD
指定起点或[对正(J)/比例(S)/样式(ST)]:j(选择改变对正方式选项)
输入对正类型[上(T)/无(Z)/下(B)]<上>:z(改为无对齐)
当前设置:对正 = 无,比例 = 20.00,样式 = STANDARD
指定起点或[对正(J)/比例(S)/样式(ST)]:s(选择更改比例选项)
输入多线比例<10.00>:2(新的多线比例为2)
当前设置:对正 = 无,比例 = 2.00,样式 = STANDARD
指定起点或[对正(J)/比例(S)/样式(ST)]:st(选择新的样式)
输入多线样式名或[?]:(键入"?"可以看到所有样式,按[Enter]键则表示使用默认样式)
当前设置:对正 = 下,比例 = 30.00,样式 = STANDARD
指定起点或[对正(J)/比例(S)/样式(ST)]:(开始绘制多线)
```

按[Enter]键完成命令操作,绘制的多线及各选项的作用如图2.31所示。

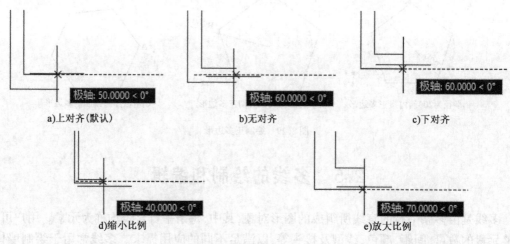

a)上对齐(默认)   b)无对齐   c)下对齐

d)缩小比例   e)放大比例

图2.31　绘制多线

2.5.2　多线样式对话框

多线的默认样式为两条平行线,除此之外,用户可根据实际需要创建其他样式。在多线样式中,可设定多线的线条数目、每条线的颜色和线型、线间间距以及多线端头的形式等。用户可通过"格式"菜单→"多线样式"命令调出"多线样式"对话框,如图2.32所示。该对话框各选项的具体功能如下:

①"置为当前"按钮:用于将选中的多线样式应用为当前样式,用户既可以在已有样式中选择一种,亦可以新建多线样式,然后将其置为当前样式。

②"新建"按钮:用于创建新的多线样式,单击该按钮将弹出如图2.33所示的"创建新的多线样式"对话框。

图2.32　"多线样式"对话框

图2.33　"创建新的多线样式"对话框

③"修改"按钮:对已有的多线样式进行修改。用于先选中待修改的多线样式,然后单击该按钮,弹出如图2.34所示的"修改多线样式"对话框。

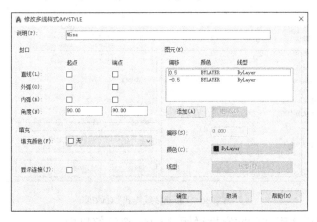

图2.34 "修改多线样式"对话框

④"重命名"按钮:用于对已有的多线样式重新命名。用户先选中待重命名的多线样式,再单击该按钮,以输入新的样式名称。

⑤"删除"按钮:删除不再需要的多线样式。

⑥"加载"按钮:用于从多线样式库中加载所需多线样式至当前图形。单击该按钮将弹出如图2.35所示的"加载多线样式"对话框,单击其中的"文件"按钮,从中可选择预设或自定义的多线样式文件(＊.mln)。

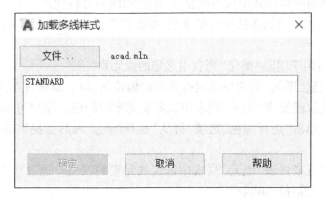

图2.35 "加载多线样式"对话框

⑦"保存"按钮:用于将当前的多线样式写入多线文件中。单击此按钮,将弹出"保存多线样式"对话框。

2.5.3 多线样式的创建

通过单击"多线样式"对话框中的"新建"按钮,用户可创建新的多线样式。单击"新建"按钮后,弹出"创建新的多线样式"对话框,在"新样式名"文本框中键入新的样式名称,然后从"基础样式"下拉框中选择基础样式,再单击"继续"按钮,弹出如图2.36所示对话框。该对话框的名称为"新建多线样式:WIN-1",此对话框内各选项具体功能如下。

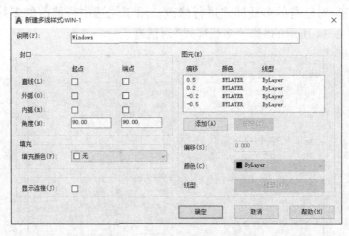

图 2.36　"新建多线样式"对话框

①说明：对多线样式附加的文字性说明，限 256 个字符以内。

②封口：用于设置多线首尾两端的外观。包含四个选项，用于为多线的每个端点选择直线或半圆弧："直线"穿过整个多线的端点；"外弧"连接最外层元素的端点；"内弧"连接成对元素，若多线由奇数条线组成，则位于中心处的线将独立存在；"角度"即多线某一端最外侧端点的连线与多线的夹角。

③填充颜色：用于设置多线的填充颜色，默认颜色为无色。

④显示连接：选择该复选框后，在多线的转折处将出现连接线，否则将不显示连接线。

⑤图元：显示当前多线样式中线条的位置、颜色和线型等特性。

⑥"添加"按钮：用于增加多线中线的条数，单击该按钮，将在"图元"列表中加一条偏移量为 0 的新线。

⑦"删除"按钮：用于删除"图元"列表中选定的线元素。

⑧偏移：用于设置"图元"列表中选定线元素的偏移量，向上偏移为正，向下偏移为负。

⑨颜色：用于设置或修改"图元"列表中选定线元素的颜色。用户可单击该按钮从中选择一种常用颜色，亦可单击"选择颜色"选项，再从"选择颜色"对话框提供的各选项卡中选择所需颜色。

⑩线型：用于设置或修改"图元"列表中选定线元素的线型。通过单击该按钮弹出"选择线型"对话框，再从中选择所需线型。

2.5.4　多线样式的编辑

1）功能

多线创建完成之后，用户可根据实际需要对其进行编辑修改，主要是修改多线相交处的交点特征。

2）命令调用

用户可通过以下方式之一进行多线编辑：

①选择"修改"菜单→"对象"→"多线"命令，如图 2.37 所示。

②在命令行中键入"MLEDIT"，然后按［Enter］键执行命令。

调用多线编辑命令后,将弹出"多线编辑工具"对话框,如图2.38所示。

图2.37 编辑"多线"命令　　　　　　　　图2.38 "多线编辑工具"对话框

用户可根据该对话框中各图标及其下方的简要说明性文字来进行相应的选择,以满足修改多线的要求。

3)操作示例

下面分别以"十字闭合""十字打开"以及"十字合并"三种样式为例进行操作说明。

(1)十字闭合

命令:_mledit(选择"十字闭合"样式)

选择第一条多线:(选择多线1)

选择第二条多线:[选择多线2,效果如图2.39b)所示。注意:选择多线的顺序不同,效果也不同,如图2.39c)所示]

a)原始多线　　　　　　b)先选1后选2　　　　　　c)先选2后选1

图2.39 "十字闭合"样式

(2)十字打开

命令:_mledit(选择"十字打开"样式)

选择第一条多线:(选择多线1)

选择第二条多线:[选择多线2,效果如图2.40b)所示。注意:选择多线的顺序不同,效果也不同,如图2.40c)所示]

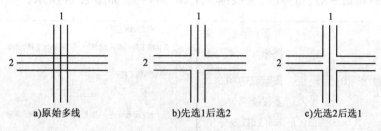

图2.40 "十字打开"样式

（3）十字合并

命令：_mledit(选择"十字合并"样式)
选择第一条多线：(选择多线1)
选择第二条多线：[选择多线2,效果如图2.41b)所示。]

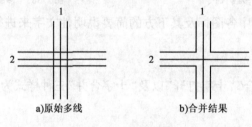

图2.41 "十字合并"样式

2.6 点 的 绘 制

在 AutoCAD 2020 中,点对象可作为捕捉和偏移对象的节点和参考点,用户可通过"单点""多点""定数等分"及"定距等分"四种方式创建点对象。

2.6.1 点样式的设置

（1）功能
利用该功能可改变显示点标记的大小和形状。

（2）命令调用
用户可通过以下方式之一进行点样式的设置:
①依次选择"格式"→"点样式"命令。
②在命令行中键入"DDPTYPE",然后按[Enter]键执行命令。

（3）操作示例
①执行"点样式"命令,将弹出"点样式"对话框,如图2.42所示。
②选择需要的点样式,单击"确定"按钮。

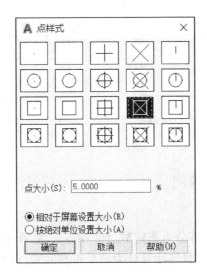

图 2.42 "点样式"对话框

2.6.2 单点或多点的绘制

(1)功能

点可作为捕捉对象的节点,利用该功能可绘制单点或多点。

(2)命令调用

用户可通过以下方式之一进行点对象的绘制:

①单击功能区"常用"选项卡→"绘图"面板中的"多点"按钮 ⬚⬚。

②依次选择"绘图"→"点"→"单点"或"多点"命令,如图 2.43 所示。

图 2.43 绘制"点"命令

③在命令行中键入"Point",然后按[Enter]键执行命令。

(3)操作示例

下面分别用"单点"和"多点"绘制如图 2.44 所示的图形,操作步骤如下:

①打开"点样式"对话框,从中选择第 2 行第 4 列的点样式 ⊠。

②单击"绘图"面板上的"矩形"工具按钮,绘制任一矩形。

③选择单点命令,绘制矩形的四个角点。

④选择多点命令,绘制矩形的四个角点。此时会发现,利用单点绘制需多次调用"单点"命令,步骤较繁琐,而利用"多点"绘制则效率更高。结果如图 2.44a)所示。

⑤打开"点样式"对话框,将点样式改为第 3 行第 4 列的样式 ⊠,则整个绘图工作区内的点样式也将随之改变,如图 2.44b)所示。

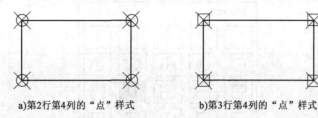

a)第2行第4列的"点"样式   b)第3行第4列的"点"样式

图2.44 绘制点

2.6.3 定数等分点的绘制

(1)功能

利用该功能可将所选对象等分为指定数目的相等长度,在对象上按指定数目等间距创建点或插入块,该操作并不会将对象实际等分为多个单独对象,仅标明了数等分的位置,便于复杂图形的绘制。

(2)命令调用

用户可通过以下方式之一绘制定数等分点。

①依次选择"绘图"→"点"→"定数等分"命令。

②在命令行中键入"DIVIDE",然后按[Enter]键执行命令。

(3)操作示例

利用点的定数等分将一个半径为200的圆周进行5等分,操作步骤如下:

①执行"点样式"命令,将弹出"点样式"对话框,选择第2行第4列的点样式 ▨ 。

②单击"绘图"面板上的"圆"工具按钮,绘制一个半径为200的圆形。

③执行"定数等分"命令,将圆周5等分,命令行提示如下:

```
命令:_divide("定数等分"命令)
选择要定数等分的对象:(单击以选择待进行定数等分的圆形)
输入线段数目或[块(B)]:5(键入要等分的数值)
```

④按[Enter]键完成操作。

2.6.4 定距等分点的绘制

(1)功能

"定距等分"功能可将点对象按照用户给定的距离放置于选定的对象上,能实现定距等分的对象主要包括多段线、样条曲线、圆、圆弧、椭圆和椭圆弧等。

(2)命令调用

用户可通过以下方式之一绘制定距等分点:

①依次选择"绘图"→"点"→"定距等分"命令。

②在命令行中键入"MEASURE",然后按[Enter]键执行命令。

（3）操作示例

①执行"点样式"命令，将弹出"点样式"对话框，选择第2行第4列的点样式 ▨ 。

②单击"绘图"面板上的"样条曲线"工具按钮，绘制一条样条曲线。

③执行"定距等分"命令，指定等分线段的长度为100，命令行提示如下：

命令：_measure（"定距等分"命令）

选择要定距等分的对象：（单击以选择样条曲线）

指定线段长度或［块（B）］：100（键入等分线段的长度值）

④按［Enter］键完成操作，绘制结果如图2.45所示。

图2.45　绘制定距等分样条曲线

2.7　样条曲线的绘制和编辑

所谓样条曲线，即通过或接近指定点的拟合曲线。在AutoCAD 2020中，其类型为非均匀关系基本样条曲线，多用于表达具有不规则变化曲率半径的曲线，例如，机械制图中的波浪线、地质地貌图中的轮廓线等。

2.7.1　样条曲线的绘制

（1）功能

通过绘制"样条曲线"命令不仅可以创建样条曲线，同时还可将二维或三维平滑的多段线转换为样条曲线。

（2）命令调用

用户可通过以下方式之一绘制样条曲线：

①单击"绘图"工具栏中的"样条曲线"按钮 ⬚ 。

②依次选择"绘图"→"样条曲线"命令，如图2.46所示。

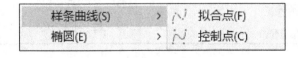

图2.46　绘制"样条曲线"命令

③在命令行中键入"SPLINE"或"SPL"，然后按［Enter］键执行命令。

（3）操作示例

通过以上三种方式之一执行绘制"样条曲线"命令后，命令行提示如下：

命令:_spline

当前设置:方式=拟合　节点=弦

指定第一个点或[方式(M)/节点(K)/对象(O)]:(拾取点A)

输入下一个点或[起点切向(T)/公差(L)]:(拾取点B)

输入下一个点或[端点相切(T)/公差(L)/放弃(U)]:(拾取点C)

输入下一个点或[端点相切(T)/公差(L)/放弃(U)/闭合(C)]:(拾取点D)

输入下一个点或[端点相切(T)/公差(L)/放弃(U)/闭合(C)]:(按[Enter]键完成操作,所得样条曲线如图2.47所示)

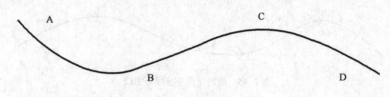

图2.47　绘制样条曲线

2.7.2　样条曲线的编辑

(1)功能

通过编辑"样条曲线"命令可对已绘制的样条曲线进行所需的调整与修改,例如,增加、删除或移动拟合点,改变端点特性及切线方向,修改样条曲线的拟合公差等,以满足用户对样条曲线的具体需求。

(2)命令调用

用户可通过以下方式之一编辑样条曲线:

①单击"修改Ⅱ"工具栏中的按钮 。

②依次选择"修改"→"对象"→"样条曲线"命令,如图2.48所示。

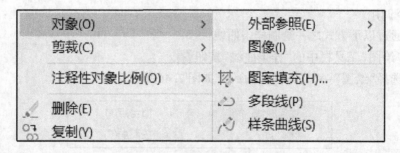

图2.48　编辑"样条曲线"命令

③在命令行中键入"SPLINEDIT",然后按[Enter]键执行命令。

(3)操作示例

通过以上三种方式之一执行编辑"样条曲线"命令后,命令行提示如下:

命令:_splinedit

选择样条曲线:[选择需要修改的样条曲线,如图2.49a)所示]

输入选项[闭合(C)/合并(J)/拟合数据(F)/编辑顶点(E)/转换为多段线(P)/反转(R)/放弃(U)/退出(X)]<退出>:C(选择闭合命令,按[Enter]键执行命令)

输入选项[打开(O)/拟合数据(F)/编辑顶点(E)/转换为多段线(P)/反转(R)/放弃(U)/退出(X)]<退出>:[按[Enter]键执行命令,所得图形如图2.49b)所示]

命令:_splinedit

选择样条曲线:(选择需要修改的样条曲线)

输入选项[闭合(C)/合并(J)/拟合数据(F)/编辑顶点(E)/转换为多段线(P)/反转(R)/放弃(U)/退出(X)]<退出>:P(选择转换为多段线命令,按[Enter]键执行命令)

指定精度<10>:2[按[Enter]键执行命令,所得图形如图2.49c)所示]

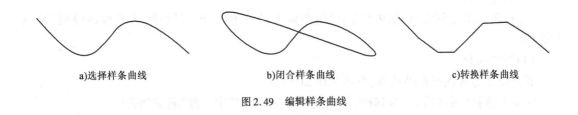

a)选择样条曲线　　　　　　b)闭合样条曲线　　　　　　c)转换样条曲线

图2.49　编辑样条曲线

2.8　图案填充

绘图过程中经常需要对图形的某些区域填充特写的图案,例如,机械图样的剖切面中需要填充剖切符号,以区别实心、空心区域以及区分不同的构件材料。AutoCAD 2020 具备较为完善的图案填充功能以满足用户的不同需求。

2.8.1　图案填充的设置

(1)功能

利用特定的图案对所选封闭图形进行填充。

(2)命令调用

用户可通过以下方式之一来设置图案填充:

①单击"绘图"工具栏中的"图案填充"按钮 ▨ 。

②依次选择"绘图"→"图案填充"菜单命令。

③在命令行中键入"HATCH"或"H",然后按[Enter]键执行命令。

(3)操作示例

通过以上三种方式之一执行"图案填充"命令后,将打开"图案填充创建"面板,如图2.50所示。具体操作示例如下:

①单击"图案"组中图案样式按钮,选择所需的图案样式,并设置图案填充的颜色、角度和

比例等参数。

②单击"边界"组中"拾取点"按钮,在所需填充的区域内部单击鼠标左键,或者单击"边界"组中"选择"按钮,选择需要填充的区域边界,然后按[Enter]键执行命令。

图2.50 "图案填充创建"面板

2.8.2 孤岛的设置

(1)功能

所谓孤岛,即填充边界中包含的闭合区域,对边界内含有闭合区域的图形进行填充时通常需进行孤岛设置,以实现填充需求。

(2)命令调用

点击"图案填充创建"面板内"选项"组中向下的三角形,即可展开"普通孤岛检测"等孤岛选项。

(3)操作示例

通过以上方式展开孤岛选项,具体操作如下:

①单击选择"孤岛检测"复选框,并在"孤岛显示样式"中选择"普通"样式。

②通过在所需填充的区域内部单击鼠标左键拾取填充区域,单击矩形框内大圆外的任意一点,然后按[Enter]键执行命令。

③返回"图案填充和渐变色"对话框,单击"确定"按钮,完成操作。

④分别选择不同的孤岛样式,重复步骤①~③,绘图结果如图2.51所示。

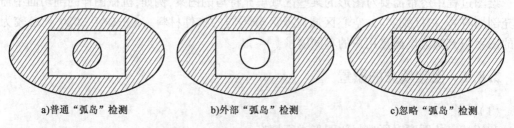

a)普通"孤岛"检测 b)外部"孤岛"检测 c)忽略"孤岛"检测

图2.51 不同"孤岛"样式下的填充效果

2.8.3 渐变色填充的设置

(1)功能

根据需求选择单色、双色以及不同的渐变方式和角度,对图案进行有效的填充。

(2)命令调用

①单击"绘图"工具栏中的"渐变色填充"按钮 ▦ 。

②依次选择"绘图"→"渐变色"命令。

③在命令行中键入"GRADIENT"或"GRA",然后按[Enter]键执行命令。

（3）操作示例

通过以上三种方式之一执行"渐变色"命令，调出"图案填充创建"面板，如图2.52所示。具体操作示例如下：

①在"特性"组中单击选择"渐变色1"或"渐变色"实现单色或双色填充，并选择需要的颜色、设置填充角度和方向。

②单击"边界"组中"拾取点"按钮，选择需要填充的区域，或者单击"边界"组中"选择"按钮，选择所需填充的区域边界，然后按[Enter]键执行命令。

图2.52 "图案填充创建"面板

第3章

二维图形的编辑

AutoCAD 具有强大的图形绘制编辑功能,促成了其绘图效率高,便于用户对绘制出的图形进行快速便捷的编辑与修改。AutoCAD 2020 绘图过程中,编辑修改对象是非常重要的一部分。本章介绍常用的图形编辑命令,包括图形选择、删除、移动、旋转、对齐、复制、阵列、偏移、镜像、修改、倒角、圆角、夹点和特性编辑等。

3.1 图形对象的选择

3.1.1 设置对象的选择模式

AutoCAD 2020 为用户提供了多种对象选择模式,用户可根据需要进行相应的设置。

通过选择"工具"→"选项"命令,弹出"选项"对话框,切换到"选择集"选项卡,可进行"选择集模式"和"拾取框大小"的设置,如图 3.1 所示。

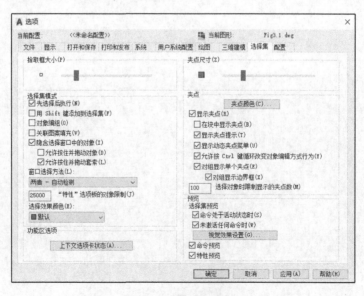

图 3.1 "选择集"选项卡

"选择集"选项卡的主要功能如下。

（1）拾取框大小

在该选项区中，拖动滑块可设置选择对象时拾取框的尺寸。用户可以根据自己的工作需要设置拾取框的大小，但拾取框过大或者过小都将给对象选择造成不便。

（2）选择集模式

①先选择后执行：用于设置选择编辑方式，选中该复选框，允许用户先选择对象后确定所需执行的命令。

②用 Shift 键添加到选择集：选中该复选框，在选择对象时需按住［Shift］键才可使被选中的对象加入到原有的选择集中去；否则，在进行对象选择时，无须按住［Shift］键就可将被选中的对象加入到原有的选择集中。

③对象编组：选中该复选框后，选择对象组中的任一对象都相当于选择了该组中的所有对象。

④关联图案填充：选中该复选框后，只需选择关联性图案填充的一个对象，就相当于选择了该填充的所有对象及其边界，否则，填充图案与边界不相关。

⑤隐含选择窗口中的对象：用于控制是否自动生成一个选择窗口。若选中该复选框，用户在绘图区中单击，在未选择任何对象的情况下，自动将该点作为选择窗口的角点。

⑥允许按住并拖动对象：用于控制选择窗口的方式。若选中该复选框，在单击第一点后按住鼠标不放，拖动至第二点后再释放鼠标，即可形成选择窗口；否则，单击第一点后，不需按住鼠标左键，移动鼠标并单击第二点即可形成选择窗口。

（3）窗口选择方法

AutoCAD 2020 提供了简便的窗口选择的设置方法，通过"窗口选择方法"下拉列表可选择"两次单击""按住并拖动"或"两者－自动检测"三个选项之一，其功能与上述"允许按住并拖动对象"类似。

（4）选择集预览

①命令处于活动状态时：执行编辑命令时，光标经过或停留于某个对象时将显示选择预览。

②未激活任何命令时：未执行编辑命令，光标经过或停留于某个对象时将显示选择预览。

（5）视觉效果设置

用于设置预览时对象的外观，包括"选择区域效果""窗口选择区域颜色""窗交选择区域颜色""选择区域不透明度"等。点击"视觉效果设置"按钮将弹出如图3.2所示的"视觉效果设置"对话框。

图 3.2 "视觉效果设置"对话框

注意：以往版本 AutoCAD 中的"高级预览选项"已集成到"视觉效果设置"对话框的"选择集预览过滤器"选项组中。

3.1.2 选择对象的方法

（1）直接单击

直接单击待选择的图形对象，如果对象高亮显示（即呈虚线显示），表明该对象已被选中。

该方法每次只能选择一个对象,若需选择多个对象则需逐个对象单击选中。

（2）窗口方式（WINDOW）

该方式通过绘制一个矩形来选择对象,即在矩形区域内的对象将被选中,未完全包含在矩形区域内的对象不被选中。采用该方式时,需要用户在命令行中输入"W",命令行将提示"指定第一个角点"和"指定对角点",以确定窗口的第一个角点及其对角点的位置。

（3）交叉窗口方式（CROSSING）

该方式与窗口方式类似,但亦有区别。使用此方式时,窗口之内以及与窗口边界相交的对象均将被选中。定义交叉窗口的矩形窗口通过虚线显示,以区别于窗口方式。采用该方式时,需要用户在命令行中键入"C",命令行将提示"指定第一个角点"和"指定对角点",以确定窗口的第一角点及其对角点的位置。

注意:尽管"窗口方式"和"交叉窗口方式"都需"指定第一个角点"和"指定对角点",但前者是从左上至右下点取角点来确定窗口的范围,而后者则是从右下至左上点取角点来确定窗口的范围。

（4）默认窗口方式

该方式是"窗口方式"和"交叉窗口方式"的组合。若从左上至右下点取角点,则执行的是"窗口方式",若从右下至左上点取角点,则执行的是"交叉窗口方式"。

（5）从选择集中删除对象

创建一个选择集后,用户在"选择对象"提示后键入"R"并按[Enter]键,命令行将提示"删除对象",此时将进入删除模式,用户可通过左键单击对象以删除已选择的对象。在此模式下,在命令行中键入"A",命令行将提示"选择对象",此刻便返回至添加对象模式。

3.1.3　过滤对象

（1）功能

在编辑对象时,经常要对某种类型的对象进行选择,使用对象选择过滤器可进行快速选择。

（2）命令调用

在命令行中键入"FILTER",然后按[Enter]键执行命令。

（3）操作示例

①在命令行中键入"FILTER",AutoCAD 2020 将弹出"对象选择过滤器"对话框,如图 3.3 所示。

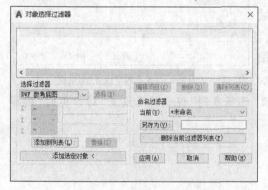

图 3.3　"对象选择过滤器"对话框

"对象选择过滤器"对话框中各选项具体含义说明如下:

a.对象选择过滤器列表:该列表中显示了组成当前过滤器的全部过滤器特性。用户可通过单击"编辑项目"按钮编辑选定的项目;单击"删除"按钮可删除选定的项目;或单击"清除列表"按钮以清除整个过滤器列表。

b.选择过滤器:其作用类似于快速选择命令,用户可根据对象的特性向当前列表添加过滤器。在其下拉列表中包含了可用于构造过滤器的全部对象以及分组运算符,用户根据对象的不同指定相应的参数值,并可通过关系运算符来控制对象属性与取值之间的关系。在构造过滤器时,可用的运算符包括" = "" < "" < = "以及"AND""OR""XOR"和"NOT"等。

②单击"选择过滤器"右侧的按钮 ∨,从弹出的下拉列表中选择"圆"。

③在"另存为"右侧的文本框中键入过滤器名称"C1",然后单击按钮"另存为",AutoCAD将显示当前过滤器"C1"。

④单击按钮"应用",AutoCAD 2020 将保存当前过滤器并退出对话框,且在窗口中显示"□"以提示用户选择对象。

⑤利用交叉窗口方式选择如图 3.4 所示的所有图形,此时,由于使用了内容为"圆"的过滤器,因此,只有"圆"被选择,如图 3.5 所示。

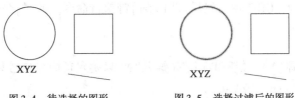

图 3.4　待选择的图形　　　　图 3.5　选择过滤后的图形

3.1.4　快速选择对象

(1)功能

相对于过滤对象方式而言,快速选择也可在整个图形或现有选择集的范围内来创建一个选择集。

(2)命令调用

用户可通过以下方式之一快速选择对象:

①依次选择"工具"→"快速选择"命令,AutoCAD 2020 将弹出"快速选择"对话框,如图 3.6 所示。

②在命令行中键入"QSELECT",然后按[Enter]键执行命令。

(3)操作示例

对图 3.6 进行操作,将图中矩形的线型改为"AUTO-CAD_ISOO2W100",具体操作如下:

①单击"快速选择"对话框中的按钮 ✛ 。

②在"应用到"下拉列表中选择"整个图形",再在"对象类型"下拉列表中选择"所有图元",并在"特性"列表框中选择"线型",且在"运算符"下拉列表中选择" = 等于",在"值"下拉列表中选择"———AUTOCAD_ISOO2W100"。

③此时,绘图工作区中将显示矩形已被选择。

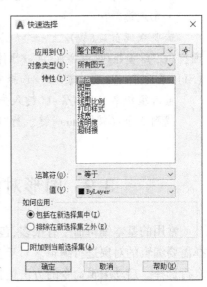

图 3.6　"快速选择"对话框

3.1.5　编组的使用

（1）功能

在编辑图形时,经常会出现将几个对象作为一个整体进行选择的情况,用户可通过编组的方式对对象进行快速选择。

（2）命令调用

用户可通过以下方式之一进行编组：

①依次选择"工具"→"组"命令。

②在命令行中键入"GROUP",然后按[Enter]键执行命令。

（3）操作示例

对图3.4中所示矩形和圆进行编组的过程如下：

①在命令行中键入"GROUP",然后按[Enter]键执行命令。此时,命令行提示如下：

命令:GROUP
选择对象或[名称(N)/说明(D)]:N(键入"N"以确定新的编组名称,包括矩形和圆形)
输入编组名或[?]:BIANZU-1
选择对象或[名称(N)/说明(D)]:找到1个,1个编组(单击选择矩形)
选择对象或[名称(N)/说明(D)]:找到1个,总计2个(单击选择圆形)

至此,名为"BIANZU-1"的组已创建。

②对之前创建的编组进行"ERASE"操作。此时,命令行提示如下：

命令:ERASE
选择对象:?(键入"?"以退出选择方式,亦可以直接键入"G",即采用编组方式进行选择)
·无效选择·
需要点或窗口(W)/上一个(L)/窗交(C)/框(BOX)/全部(ALL)/栏选(F)/圈围(WP)/圈交(CP)/编组(G)/添加(A)/删除(R)/多个(M)/前一个(P)/放弃(U)/自动(AU)/单个(SI)/子对象(SU)/对象(O)/选择对象:g(选择编组方式进行选择)
输入编组名:BIANZU-1(键入先前设定的编组名,即"BIANZU-1")
找到2个:(按[Enter]键执行"ERASE"命令)

3.2　图形对象的删除、移动、旋转及对齐

常用的基本编辑命令有很多,包括删除、移动等。编辑操作通常先启动编辑命令,然后选择需要编辑的对象进行编辑。对于多数编辑命令,也可以先选择对象再启动编辑命令,用户可自行选择。启动编辑命令的方法包括直接键入相应命令、选择"修改"菜单中的相应命令,以及单击"修改"工具栏中相应的按钮,如图3.7所示。

图3.7 "修改"工具栏

3.2.1 对象的删除

(1)功能

"删除"命令可将不再需要的图形删除。

(2)命令调用

用户可通过以下方式之一进行对象的删除：

①依次选择"修改"→"删除"命令。

②单击"修改"工具栏中的"删除"按钮 ✎ 。

③在命令行中键入"ERASE"或"E"，然后按[Enter]键执行命令。

启动"删除"命令后，命令行会提示"选择对象"，此时，用户选择待删除的对象，按[Enter]键即可实现删除。

3.2.2 对象的移动

(1)功能

在编辑图形过程中，经常需要移动图形或对象至指定位置，可通过"移动"命令来实现。

(2)命令调用

用户可通过以下方式之一进行对象的移动：

①依次选择"修改"→"移动"命令。

②单击"修改"工具栏中的"移动"按钮 ✛ 。

③在命令行中键入"MOVE"或"M"，然后按[Enter]键执行命令。

(3)操作示例

启动"MOVE"命令后，AutoCAD 2020 的命令行提示如下：

> 命令：MOVE(按[Enter]键启动命令)
>
> 选择对象：(选择待移动的对象)
>
> 选择对象：(按[Enter]键结束对象的选择)
>
> 指定基点或[位移(D)]<位移>：(指定位移基点或选择位移)
>
> 指定位移的第二点或<用第一点作位移>：(指定对象要移动的位置)

3.2.3 对象的旋转

(1)功能

通过"旋转"功能可将对象绕指定的基点进行旋转。对于旋转的角度，可直接键入角度值、用光标进行拖动，或指定参照角度，以便与绝对角度对齐。

(2)命令调用

用户可通过以下方式之一进行对象的旋转：

①依次选择"修改"→"旋转"命令。

②单击"修改"工具栏中的"旋转"按钮 ↻ 。

③在命令行中键入"ROTATE"或"RO",然后按[Enter]键执行命令。

(3)操作示例

启动"旋转"命令后,AutoCAD 2020 的命令行提示如下:

命令:ROTATE(按[Enter]键启动命令)

选择对象:(选择待旋转的对象)

选择对象:(按[Enter]键结束对象的选择)

指定基点:(指定旋转基点)

指定旋转角度或[复制(C)/参照(R)]<0>:(选择旋转角度或选择其他选项,确定对象被旋转后的位置)

指定旋转角度、复制、参照的含义如下:

①指定旋转角度:直接键入角度值,AutoCAD 2020 将按指定的基点和角度旋转所选对象。如果键入的旋转角度为正,则逆时针旋转,反之则顺时针旋转。用户亦可以利用鼠标拖动的方式将对象旋转到控制的角度。

②复制:在旋转的同时可将对象进行复制。

③参照:通过指定的参照角度设置旋转角度,某些情况下,旋转角度具体数值难以直接确定,用此选项非常方便。如图 3.8a)所示,用户可选择整个对象,即对包括文字在内的整体对象进行选择。"基点"可选择点"B",根据命令行中的提示选择"R"以参照方式进行选择。AutoCAD 将提示"指定参照角",用户可利用捕捉的方式分别指定点"C"和"A",并根据命令行中的提示"指定新角度"或键入新的角度值"270",从而获得图 3.8b)所示结果。

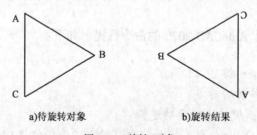

a)待旋转对象　　　　　　　　　　b)旋转结果

图 3.8　"旋转"对象

3.2.4　对象的对齐

(1)功能

当用户需要将两个图形对象拼接起来时,可通过移动、旋转或倾斜对象使所选对象与另一对象对齐。

(2)命令调用

用户可通过以下方式之一进行对象的对齐:

①依次选择"修改"→"三维操作"→"对齐"命令。

②在命令行中键入"ALIGN",然后按[Enter]键执行命令。

(3)操作示例

以图3.9所示的图形对象为例,示范相关操作。

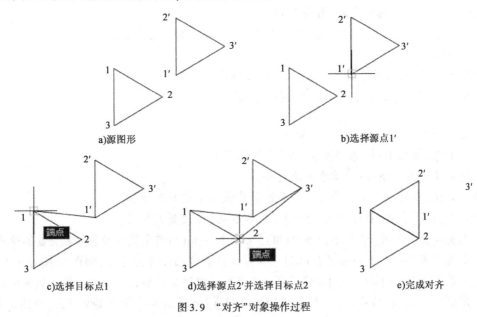

a)源图形   b)选择源点1'

c)选择目标点1   d)选择源点2'并选择目标点2   e)完成对齐

图3.9 "对齐"对象操作过程

启动"对齐"命令后,AutoCAD 2020的命令行提示如下:

命令:ALIGN(按[Enter]键启动命令)
选择对象:指定对角点:找到3个[选择图3.9a)所示的三条直线图形对象,即"1、2、3"]
指定第一个源点:<打开对象捕捉>[利用对象捕捉,选择点"1"作为源点,如图3.9b)所示]
指定第一个目标点:[选择目标点1,如图3.9c)所示]
指定第二个源点:[选择源点"2",如图3.9d)所示]
指定第二个目标点:[选择目标点2,如图3.9d)所示]
指定第三个源点或<继续>:(按[Enter]键结束对象的选择)
是否基于对齐点缩放对象?[是(Y)/否(N)]<否>:y[通过缩放使两条直线对齐,如图3.9e)所示]

3.3 图形对象的复制、阵列、偏移及镜像

AutoCAD 2020绘图过程中,通常会多次使用同一个图形对象,这就涉及 AutoCAD 2020 中常用的复制、阵列、偏移和镜像等命令。

3.3.1 对象的复制

(1)功能

通过"复制"命令,用户可在指定位置绘制一个或多个与原图形对象完全相同的图形对象。

（2）命令调用

用户可通过以下方式之一进行对象的复制：

①依次选择"修改"→"复制"命令。

②单击"修改"工具栏中的"复制"按钮 。

③在命令行中键入"COPY"或"CO"，然后按[Enter]键执行命令。

（3）操作示例

以图3.10所示的图形对象为例，示范相关操作。

启动"复制"命令后，AutoCAD的命令行提示如下：

命令:COPY(按[Enter]键启动命令)

选择对象:找到1个[选择图3.10a)中的图形]

选择对象:(按[Enter]键结束对象选择)

当前设置:复制模式=单个（当前每次只能执行1次复制操作）

指定基点或[位移(D)/模式(O)/]＜位移＞:o(修改复制模式)

输入复制模式选项[单个(S)/多个(M)]＜多个＞:m(将复制模式设置为多重复制模式)

指定基点或[位移(D)/模式(O)/]＜位移＞:[捕捉圆心作为基点，如图3.10a)所示]

指定第二个点或[阵列(A)]＜使用第一个点作为位移＞:(根据要求逐一指定复制位置)

指定第二个点或[阵列(A)/退出(E)/放弃(U)]＜退出＞:[指定复制位置，如图3.10b)所示]

注意:"基点"即指复制对象的起点。用户在选择对象后应利用对象捕捉功能指定基点，再指定位移的第2点；或者可以选择复制对象后直接按[Enter]键，此时，AutoCAD 2020将按坐标原点到基点的距离和方向进行图形对象的复制；亦可以利用"位移"模式指定复制对象的定位点。

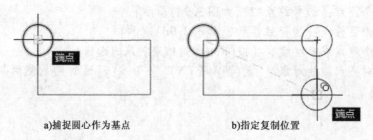

a)捕捉圆心作为基点　　　　　　　b)指定复制位置

图3.10　"复制"对象

3.3.2　对象的阵列

（1）功能

通过"阵列"命令，用户可按特定方式一次复制多个图形对象。阵列分为矩形阵列、路径阵列和环形阵列三种。其中:矩形阵列可通过指定行、列数将对象按矩形排列进行复制；而路径阵列则是将被复制对象均匀地沿指定的路径或部分路径进行分布，所指定的路径可以是直线、多段线、三维多段线、样条曲线、圆和椭圆等；环形阵列则是通过指定圆心和数目将被复制对象按环形排列。

（2）命令调用

用户可通过以下方式之一进行对象的阵列：

①依次选择"修改"→"阵列"→"矩形阵列""路径阵列"或"环形阵列"命令。

②单击"修改"工具栏中"阵列"按钮右侧的"▼"，AutoCAD 2020将弹出"矩形阵列""路径阵列"及"环形阵列"按钮，选择所需阵列方式。

③在命令行中键入"ARRAYRECT"，然后按[Enter]键执行命令，选择对象后根据提示选择"[矩形(R)/路径(PA)/极轴(PO)]"模式。

（3）操作示例

以图3.11a)所示的矩形为例，示范矩形阵列的相关操作。

单击"修改"工具栏中"阵列"按钮右侧的"▼"，然后单击"矩形阵列"按钮，命令行提示如下：

> 命令：_arrayrect
> 选择对象：找到1个(选择所绘制的矩形，尺寸为5×5)
> 选择对象：(按[Enter]键结束对象选择)
> 类型＝矩形 关联＝是
> ARRAYRECT 选择夹点以编辑阵列或[关联(AS)/基点(B)/计数(COU)/间距(S)/列数(COL)/行数(R)/层数(L)/退出(X)]＜退出＞:(采用拖动鼠标的方式确定阵列的行、列数目，方向可自定，此处为向右下角拖动，对象的间距为上一次设置的结果，可在下一步中重新进行设置)
> 指定对角点以间隔项目或[间距(S)]＜间距＞:s(即调整间距)
> 指定行之间的距离或[表达式(E)]＜5＞:7.5(将间距设置为7.5)
> 指定列之间的距离或[表达式(E)]＜5＞:7.5(将列间距设置为7.5)
> 选择夹点以编辑阵列或[关联(AS)基点(B)计数(COU)间距(S)列数(COL)行数(R)层数(L)退出(X)]＜退出＞:↙[按[Enter]键结束操作，结果如图3.11b)所示。由于键入的行间距和列间距为正，因此，矩形阵列将向X、Y轴的正方向进行阵列]

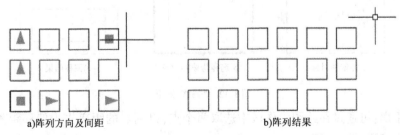

a)阵列方向及间距　　　　　　　　b)阵列结果

图3.11 "矩形"阵列

用户也可以在最后键入中对"关联(AS)/基点(B)/计数(COU)/间距(S)/列数(COL)/行数(R)/层数(L)"等相关内容进行调整，具体如下：

①关联(AS)：用来指定是否在阵列中创建项目作为关联阵列对象，或作为独立对象。其中，

"是"选项包含单个阵列对象中的阵列项目,类似于块,"否"用来创建阵列项目作为独立对象。

②基点(B):用来指定阵列的基点。其中包含"关键点(K)"的设置,对于关联阵列。在源对象上指定有效的关键点或约束作为基点。对于编辑生成阵列的源对象,阵列的基点保持与源对象的关键点重合。

③列数(COL)/行数(R)/层数(L):对所选对象进行列数、行数和层数,以及行间距、列间距和层间距的设置。

3.3.3 对象的偏移

(1)功能

用于创建形状与原始对象平行的新对象。

(2)命令调用

用户可通过以下方式之一进行对象的偏移:

①依次选择"修改"→"偏移"命令。

②单击"修改"工具栏中的"偏移"按钮 。

③在命令行中键入"OFFSET"或"O",然后按[Enter]键执行命令。

(3)操作示例

以图3.12a)所示的矩形为例,示范"偏移"的相关操作。

单击"修改"工具栏中的启动"偏移"命令后,命令行提示如下:

命令:_offset
当前设置:删除源=否 图层=源 OFFSETGAPTYPE=0 (当前设置)
指定偏移距离或[通过(T)/删除(E)/图层(L)]<5.0000>:↙(键入偏移距离值3)
选择要偏移的对象,或[退出(E)/放弃(U)]<退出>:[选择待偏移矩形,如图3.12b)所示]
指定要偏移的那一侧上的点,或[退出(E)/多个(M)/放弃(U)]<退出>:↙[按[Enter]键结束操作,结果如图3.12c)所示]

a)待偏移对象 b)选择待偏移对象 c)偏移结果

图3.12 "偏移"矩形

①偏移距离:可通过在绘图工作区中选取两个点,以两点的距离作为偏移距离,或直接在命令行中键入偏移的距离值。

②图层:指定偏移后的新对象创建在当前图层或者与源对象在同一图层。

③删除:选择该选项,则在偏移之后将源对象删除。

④指定要偏移的那一侧上的点:即利用光标指定要偏移的方位。

⑤多个(M):此为多个偏移模式,即用当前偏移距离值重复偏移操作。

用户亦可以用"通过"方式创建通过指定点的新对象,如图3.13所示。但应用时需要首先在命令行中键入"T"表示选择"通过(T)"方式执行偏移操作。在选择直线对象"12"后,如图3.13b)所示,命令行将提示"指定通过点或",用户可选择端点"3"执行偏移,结果如图3.13c)所示。

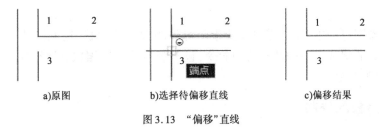

a)原图   b)选择待偏移直线   c)偏移结果

图3.13   "偏移"直线

3.3.4 对象的镜像

(1)功能

用于创建与原始对象以某指定轴为对称轴的新对象。

(2)命令调用

用户可通过以下方式之一进行对象的镜像:

①依次选择"修改"→"镜像"命令。

②单击"修改"工具栏中的"镜像"按钮 ⚟ 。

③在命令行中键入"MIRROR"或"MI",然后按[Enter]键执行命令。

(3)操作示例

以图3.14a)所示的图形对象为例,示范"镜像"的相关操作。

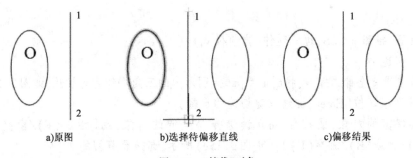

a)原图   b)选择待偏移直线   c)偏移结果

图3.14   "镜像"对象

单击"修改"工具栏中的"镜像"按钮启动命令后,命令行提示如下:

命令:_mirror
选择对象:指定对角点:找到1个(选择椭圆O)
选择对象:指定镜像线的第一点:指定镜像线的第二点:(分别以"1"、"2"点为端点指定其为镜像线)
要删除源对象吗?[是(Y)/否(N)]<N>:↙(保留源对象)

注意:命令行中的"图层"选项用于指定将镜像对象创建于当前图层还是创建于源对象所在图层。默认情况下,镜像文字对象时,不改变文字的方向。如果需要反转文字,则需将系统变量 MIRRTEXT 设置为1。

3.4　图形对象形状和大小的修改

AutoCAD 绘图过程中,通常需要改变指定对象的大小和形状,这就涉及 AutoCAD 中常用的修改图形对象形状和大小的基本绘图命令,包括修剪、延伸、缩放、拉伸、拉长、打断、打断于点、合并与分解等命令。

3.4.1　对象的修剪

(1)功能

通过"修剪"命令,用户可将对象某边界一侧的部分剪掉,可执行修剪的对象包括直线、圆、圆弧、多段线、构造线和样条曲线等。

(2)命令调用

用户可通过以下方式之一进行对象的修剪:

①依次选择"修改"→"修剪"命令。

②单击"修改"工具栏中的"修剪"按钮 ✂。

③在命令行中键入"TRIM"或"TR",然后按[Enter]键执行命令。

(3)操作示例

以图 3.15a)所示的图形对象为例,示范"修剪"的相关操作。

单击"修改"工具栏中的"修剪"按钮启动命令后,命令行提示如下:

> 命令:_trim
> 当前设置:投影 = UCS,边 = 延伸(当前模式)
> 选择剪切边…
> 选择对象或<全部选择>:找到1个[选择图形中的三角形作为剪切边,如图 3.15b)所示]
> 选择对象:↙(按[Enter]键结束剪切边的选择)
> 选择要修剪的对象,或按住 Shift 键选择要延伸的对象,或[栏选(F)/窗交(C)/投影(P)/边(E)/删除(R)/放弃(U)]:[如图 3.15c)所示,选择要剪切的边]

完成图 3.15c)所示的操作后,AutoCAD 2020 将提示继续选择修剪对象,重复图 3.15c)的过程可完成其余部位的修剪,结果如图 3.15d)所示。注意:在图 3.15c)中若将光标移到圆形位于三角形外部的弧线处时,AutoCAD 2020 将修剪外部的弧线段,用户可通过移动光标至圆形的不同部位进行修剪以感受不同的修剪结果。

命令行中显示"选择要修剪的对象,或按住[Shift]键选择要延伸的对象",提示用户选择要修剪对象,或按住[Shift]键选择要延伸的对象,则 AutoCAD 2020 将选定的对象延伸至修剪边界,此时,该命令同"延伸"命令。

| a)原图 | b)选择要剪切边 | c)选择要修剪部位 | d)修剪完成 |

图3.15 "修剪"对象

在选择修剪对象时,用户可通过"栏选"和"窗交"的方式,前者表示以栏选方式选择待修剪对象,后者则表示以窗交的方式选择待修剪对象。

命令行中的"边"选项用于指定修剪模式,用户选择该选项后命令行将提示如下:

输入隐含边延伸模式[延伸(E)/不延伸(N)]<不延伸>:

选择"延伸"选项,当剪切边界没有与被修剪对象相交时,假设将剪切边界延伸,再进行修剪;选择"不延伸"选项,则只有当剪切边与被修剪对象相交时才能进行修剪。

"投影"是指确定延伸的空间,选择该选项后命令行将提示如下:

输入投影选项[无(N)/UCS(U)/视图(V)]<UCS>:

上述选项中,若用户选择"无"选项,则将按三维空间关系延伸;若选择"UCS"选项,则在当前坐标系的 XY 平面上延伸,此时可在 XY 平面上按投影关系延伸三维空间中不相交的对象;若选择"视图"选项,则在当前视图平面上延伸。

3.4.2 对象的延伸

(1)功能

通过"延伸"命令,用户可将直线、多段线、圆、圆弧和构造线等对象延伸至某指定的边界上。

(2)命令调用

用户可通过以下方式之一进行对象的延伸:

①依次选择"修改"→"延伸"命令。

②单击"修改"工具栏中的"延伸"按钮 →。

③在命令行中键入"EXTEND"或"EX",然后按[Enter]键执行命令。

(3)操作示例

以图3.16a)所示的图形对象为例,示范"延伸"的相关操作。

启动"延伸"命令后,命令行提示如下:

命令:_extend
当前设置:投影=UCS,边=延伸(当前模式)
选择边界的边…
选择对象或<全部选择>:找到1个[选择延伸的边界,如图3.16b)所示]

选择对象:↙(按[Enter]键结束边界的选择)

选择要延伸的对象,或按住[Shift]键选择要修剪的对象,或[栏选(F)/窗交(C)/投影(P)/边(E)/放弃(U)]:[如图3.16c)所示,选择要延伸的部分,注意:如果光标靠近曲线的另外一个端点,将得到不同的延伸结果]

根据命令行提示,完成其余图形的延伸[图3.16d)]。命令行中显示"选择要延伸的对象,或按住[Shift]键选择要修剪的对象",提示用户选择要延伸的对象,若延伸对象与边界边交叉,则按住[Shift]键选择要修剪的对象,此时,同"修剪"命令,该命令将对象修剪到最近的边界而不是延伸。

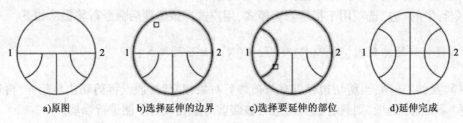

| a)原图 | b)选择延伸的边界 | c)选择要延伸的部位 | d)延伸完成 |

图3.16 "延伸"对象

3.4.3 对象的缩放

(1)功能

通过"缩放"命令,用户可将对象基于某一点按指定的比例进行放大或缩小。

(2)命令调用

用户可通过以下方式之一进行对象的缩放:

①依次选择"修改"→"缩放"命令。

②单击"修改"工具栏中的"缩放"按钮□。

③在命令行中键入"SCALE"或"SC",然后按[Enter]键执行命令。

(3)操作示例

以图3.17a)所示的图形对象为例,示范"缩放"的相关操作。

启动"缩放"命令后,命令行提示如下:

命令:_scale

选择对象:指定对角点:找到1个(选择矩形)

选择对象:↙(结束选择)

指定基点:(指定点1作为缩放的基点)

指定比例因子或[复制(C)/参照(R)]:c↙(缩放一组选定的对象,缩放的同时进行复制)

指定比例因子或[复制(C)/参照(R)]:r↙(利用参照的方式指定缩放比例,如果缩放比例明确,则可直接输入该比例值)

指定参照长度 <29.9257>:指定第二点:[分别指定点"1"和点"2"作为参照对象的两个端点,如图3.17b)所示]

指定新的长度或[点(P)]<53.3016>:[指定点"3"作为新的长度,AutoCAD将自动计算缩放比例因子,如图3.17c)所示]

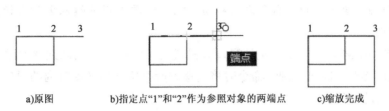

a)原图　　　b)指定点"1"和"2"作为参照对象的两端点　　　c)缩放完成

图3.17 "缩放"对象

命令行中键入的"比例因子"若大于0小于1,则缩小图形,若大于1则放大图形。"复制"是指在缩放的基础上进行复制操作,若不选择此选项,则源对象将被删除。"参照"是按参照的方式缩放,需要键入参照长度和新长度的值,比例则为新长度和参照长度的比值。

3.4.4 对象的拉伸

(1)功能

通过"拉伸"命令,用户可将对象按指定方向拉伸。拉伸时,图形对象的被选中部分将移动,且同时保持与未选中部分的连接关系。

(2)命令调用

用户可通过以下方式之一进行对象的拉伸:

①依次选择"修改"→"拉伸"命令。

②单击"修改"工具栏中的"拉伸"按钮 📐 。

③在命令行中键入"STRETCH",然后按[Enter]键执行命令。

(3)操作示例

以图3.18所示的图形对象为例,示范"拉伸"的相关操作。

启动"拉伸"命令后,AutoCAD 2020命令行提示如下:

命令:_stretch
以交叉窗口或交叉多边形选择要拉伸的对象…(AutoCAD提示选择对象的方式为交叉窗口)
选择对象:指定对角点:找到1个
选择对象:↙(结束选择)
指定基点或[位移(D)]<位移>:(选择点2作为拉伸的基点)
指定第二个点或<使用第一个点作为位移>:[拖动鼠标至点3,如图3.18b)所示]

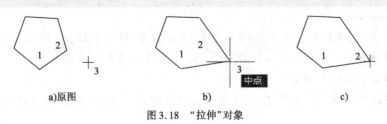

a)原图　　　　　b)　　　　　c)

图3.18 "拉伸"对象

注意:此处的"基点"是指拉伸的参照点,通过目标捕捉或输入坐标确定。确定基点以后,AutoCAD 2020 将提示"指定第二个点或<使用第一个点作为位移>:",此时,要求用户指定位移的第二点,将使用由基点及第二点指定的距离和方向移动所选对象的节点;若用户按[Enter]键将按坐标原点至基点的距离和方向移动。"位移"要求用户键入矢量坐标,坐标值指定相对距离和方向。

使用"拉伸"命令时,需要使用交叉窗口方式或交叉多边形方式来选择对象,然后依次指定位移基点和位移点。执行"拉伸"命令时将会移动所有位于选择窗口内的对象,而拉伸与选择窗口边界相交的对象。

对于直线、圆弧、区域填充和多段线等组成的对象,若只有一部分位于选择窗口之内时,则在拉伸时将遵循以下规则:

①直线:位于窗口外的端点保持不动,位于窗口内的端点移动。

②圆弧:类似于直线,但在改变过程中,圆弧的弦高保持不变,并且由此来移动圆心的位置以及圆弧的起始角值和终止角值。

③多段线:与直线或圆弧相似,但多段线两端的宽度、切线方向及曲线拟合信息均不改变。

④区域填充:位于窗口外的端点不动,位于窗口内的端点移动。

⑤其他对象:若其定义点位于选择窗口内,拉伸时将发生移动,否则不移动。其中,圆、椭圆的定义点为圆心,形和块的定义点为插入点,文字和属性定义的定义点为字符串基线的左端点。

3.4.5　对象的拉长

(1)功能

通过"拉长"命令,用户可对线的长度或圆弧的角度进行修改,包括直线、圆弧、椭圆弧、非闭合多段线和非闭合样条曲线等。

(2)命令调用

用户可通过以下方式之一进行对象的拉长:

①依次选择"修改"→"拉长"命令。

②在命令行中键入"LENGTHEN"或"LEN",然后按[Enter]键执行命令。

(3)操作示例

以图 3.19a)所示的图形对象为例,示范"拉长"的相关操作。

启动"拉长"命令后,AutoCAD 2020 命令行提示如下:

```
命令:_lengthen
选择对象或[增量(DE)/百分比(P)/总计(T)/动态(DY)]:De↙(即采用增量模式)
输入长度增量或[角度(A)]<0.0000>:a↙(即采用角度增量模式)
输入角度增量<90>:80↙
选择要修改的对象或[放弃(U)]:[单击圆弧线的右上角,如图3.19b)所示]
```

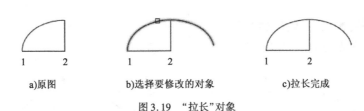

| a)原图 | b)选择要修改的对象 | c)拉长完成 |

图3.19 "拉长"对象

注意:此处命令行中的"选择对象"用于选择对象的长度和包含角(前提是对象有包含角);"增量"用于指定增量,以修改对象的长度和弧的角度。用该增量从距离选择点最近的端点外开始修改,增量为正值则拉长对象,为负值则缩短对象。

"长度增量"是指以指定的增量修改对象的长度,该增量从距离选择点最近的端点处开始测量。差值还以指定的增量修改圆弧的角度,该增量从距离选择点最近的端点处开始测量。若为正值则扩展对象,负值则修剪对象。

"百分比"则是通过指定对象总长度的百分数设定对象的拉长长度。

"总计"是指以从固定端点测量的总长度的绝对值来设定选定对象的长度。"总计"选项也按照指定的总角度设置选定圆弧的包含角。"动态"是指打开动态拖动模式,可拖动选定对象的某一端点来改变其长度,其余端点则保持不变。

3.4.6 对象的打断

(1)功能

通过"打断"命令,用户可将一个对象打断为两个对象,可被打断对象包括直线、圆、圆弧、椭圆、多段线、参照线和样条曲线等。

(2)命令调用

用户可通过以下方式之一进行对象的打断:

①依次选择"修改"→"打断"命令。

②单击"修改"工具栏中的"打断"按钮 。

③在命令行中键入"BREAK"或"BR",然后按[Enter]键执行命令。

(3)操作示例

以图3.20a)所示的图形对象为例,示范"打断"的相关操作。

启动"打断"命令后,AutoCAD 2020命令行提示如下:

命令:_break
选择对象:[如图3.20a)所示,光标选择对象时靠近点"1",但无法执行捕捉功能]
指定第二个打断点或[第一点(F)]:(利用光标捕捉的功能选择点"2"以指定第二个点)

执行上述命令的结果如图3.20b)所示。用户也可用另一种方式来执行"打断"命令。具体命令行提示如下:

命令:_break
选择对象:[如图3.20b)所示]
指定第二个打断点 或[第一点(F)]:F↙(重新指定第一个打断点)

指定第一个打断点:(选择点"2")
指定第二个打断点:(选择点"3")

a)选择对象　　　b)选择打断点　　　c)重新选择对象　　　d)打断对象

图3.20　"打断"对象的两种方式

可见,在操作中若用户采用"第一点(F)"的操作方式,在选择对象时 AutoCAD 2020 将该选择位置视为打断的第"1"点,从而执行打断操作。而第二种方式是通过重新设置打断的第"1"点,从而实现精确的修改。较为特殊的情况是对圆弧的打断操作,在圆(或圆弧)上两个点之间执行打断时,不仅需要重新设置第"1"点,而且要注意方向,AutoCAD 2020 按逆时针方向删除第一个打断点到第二个打断点之间的圆弧。如图3.21所示,如果选择点"1"和点"2"的先后顺序不同,那打断的结果也不相同。

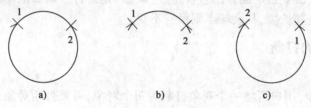

a)　　　　　　　b)　　　　　　　c)

图3.21　"打断"圆弧对象

3.4.7　打断于点

(1)功能

通过"打断于点"命令,用户可将对象在某点处打断,可操作对象包括直线、圆弧和开放的多段线等,而圆等闭合对象则不适用这一操作。

(2)命令调用

单击"修改"工具栏中的"打断于点"按钮 □ 。

(3)操作示例

以图3.22a)所示的图形对象为例,示范"打断于点"的相关操作。

a)　　　　　　　b)

图3.22　"打断于点"

启动"打断于点"命令后,AutoCAD 2020 命令行提示如下:

命令:_break
选择对象:(选择要打断于点的对象)

指定第二个打断点或[第一点(F)]:_f(此处 AutoCAD 自动采用"第一点(F)"选项)
指定第一个打断点:(指定打断点"1",如图3.22所示)

在执行"打断"命令(BREAK)中,在指定第二个打断点时若输入"@0,0",则将对象在第一打断点处打断,相当于执行"打断于点"命令。

3.4.8 对象的合并

(1)功能

通过"合并"命令,用户可将多个连续对象合并为一个对象,可合并对象包括直线、圆弧、椭圆弧、多段线、三维多段线及样条曲线等。

(2)命令调用

用户可通过以下方式之一进行对象的合并:

①依次选择"修改"→"合并"命令。

②单击"修改"工具栏中的"合并"按钮 ⊶。

③在命令行中键入"JOIN",然后按[Enter]键执行命令。

(3)操作示例

以图3.23所示的图形对象为例,示范"合并"命令的相关操作。

图3.23 "合并"对象

启动"合并"命令后,AutoCAD 2020命令行提示如下:

命令:_join
选择源对象或要一次合并的多个对象:(选择要合并的对象)
选择要合并的对象:(连续选择需要合并的对象)
选择要合并的对象:↙(按[Enter]键结束选择,选中的对象将被合并为一个对象)

3.4.9 对象的分解

(1)功能

通过"分解"命令,用户可将多边形、多段线和块等对象分解为多个独立的对象。

(2)命令调用

用户可通过以下方式之一进行对象的分解:

①依次选择"修改"→"分解"命令。

②单击"修改"工具栏中的"分解"按钮 ⬜。

③在命令行中键入"EXPLODE"或"X",然后按[Enter]键执行命令。

（3）操作示例

启动"分解"命令后，AutoCAD 2020 命令行提示如下：

命令：_explode

选择对象：（选择要分解的对象）

选择对象：（也可继续选取，按［Enter］键结束选择）

图3.24 分别表示由"POLYGON"所生成的对象、分解操作以及分解后的选择对象演示。

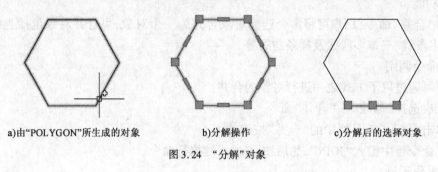

a）由"POLYGON"所生成的对象   b）分解操作   c）分解后的选择对象

图3.24 "分解"对象

3.5 倒角和圆角对象

AutoCAD 2020 为用户提供了"倒角""圆角"命令来修改对象，使其以倒角或圆角相接，即通过一条直线段按指定的距离连接两条互不平行的线状图形，或者用一个指定半径的圆弧将两个图形对象相连。

3.5.1 倒角对象

（1）功能

通过"倒角"命令，用户可以用一条直线段按指定的距离连接两条互不平行的线状对象。

（2）命令调用

用户可通过以下方式之一执行"倒角"命令：

①依次选择"修改"→"倒角"命令。

②单击"修改"工具栏中的"倒角"按钮 ▱ 。

③在命令行中键入"CHAMFER"或"CHA"，然后按［Enter］键执行命令。

（3）操作示例

以图3.25a）所示的图形对象为例，示范"倒角"的相关操作。

启动"倒角"命令后，AutoCAD 2020 命令行提示如下：

命令：_chamfer

（"不修剪"模式）当前倒角距离 1 = 0.0000，距离 2 = 0.0000（当前模式）

选择第一条直线或 ［放弃（U）/多段线（P）/距离（D）/角度（A）/修剪（T）/方式（E）/多个（M）］：D↙（设置倒角距离）

指定第一个倒角距离 <0.0000>:5↙(键入倒角距离1,采用5mm)

指定第二个倒角距离 <5.0000>:5↙(键入倒角距离2,也采用5mm)

选择第一条直线或[放弃(U)/多段线(P)/距离(D)/角度(A)/修剪(T)/方式(E)/多个(M)]:(选择第1条直线段)

选择第二条直线,或按住Shift键选择直线以应用角点或[距离(D)/角度(A)/方法(M)]:(选择第2条直线段)

操作结果如图3.25b)所示(切掉了其左上角部分)。下面以修剪模式下的倒角操作为例进行演示,命令行提示如下:

命令:_chamfer

("不修剪"模式)当前倒角距离1=5.0000,距离2=5.0000(当前模式,此外不修改倒角距离)

选择第一条直线或[放弃(U)/多段线(P)/距离(D)/角度(A)/修剪(T)/方式(E)/多个(M)]:T↙(调整为修剪模式)

输入修剪模式选项[修剪(T)/不修剪(N)]<不修剪>:N↙(采用修剪模式)

选择第一条直线或[放弃(U)/多段线(P)/距离(D)/角度(A)/修剪(T)/方式(E)/多个(M)]:(选择第1条直线段)

选择第二条直线,或按住Shift键选择直线以应用角点或[距离(D)/角度(A)/方法(M)]:(选择第2条直线段)

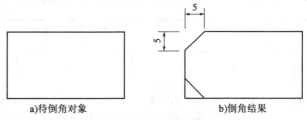

a)待倒角对象　　　　　　　b)倒角结果

图3.25 "倒角"对象

操作结果如图3.25b)所示,即不修剪原矩形的左下角部分。

除了采用"距离"模式进行倒角操作外,还可采用"角度"模式进行倒角。所谓"角度"模式是根据第一条直线倒角的距离和角度来设置倒角尺寸。选择该选项后,命令行将提示如下:

指定第一条直线的倒角长度 <0.0000>:

指定第一条直线的倒角角度 <0>:

另外,其中的"修剪"选项用来设置是否保留原倒角边。"多个"选项则用于为多组对象的边进行倒角,将重复显示主提示和"选择第二个对象"提示,用户可直接选择倒角对象,无须再设定倒角距离,按[Enter]键结束命令。

3.5.2 圆角对象

(1)功能

通过"圆角"命令,用户可以用一条指定半径的圆弧将两个图形对象相连,与倒角对象类似。

（2）命令调用

①依次选择"修改"→"圆角"命令。

②单击"修改"工具栏中的"圆角"按钮 。

③在命令行中键入"FILLET"或"F"，然后按[Enter]键执行命令。

（3）操作示例

以图3.26a)所示的图形对象为例，示范"圆角"命令的相关操作。以上述三种方式之一启动"圆角"命令后，命令行提示如下：

命令：FILLET

当前设置：模式=不修剪，半径=0.0000（当前模式）

选择第一个对象或[放弃(U)/多段线(P)/半径(R)/修剪(T)/多个(M)]:R↙（设置圆角半径）

指定圆角半径 <0.0000>:5↙（键入圆角半径值，采用5mm）

选择第一个对象或[放弃(U)/多段线(P)/半径(R)/修剪(T)/多个(M)]:[选择第1个对象，右上角部分，如图3.26b)所示]

选择第二个对象，或按住Shift键选择对象以应用角点或[半径(R)]:（选择第2个对象）

操作结果如图3.26b)所示（切掉了其右上角部分）。类似地，亦可用不修剪模式进行圆角操作，操作结果如图3.26c)所示（保留了其右下角直角部分），此处不再赘述。

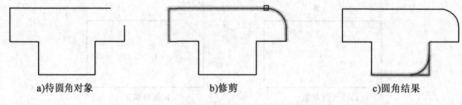

a)待圆角对象   b)修剪   c)圆角结果

图3.26 "圆角"对象

注意：命令行中的"修剪"用来设置是否保留圆角以外的边。"多个"选项则用于为多组对象的边进行圆角操作，将重复显示主提示和"选择第二个对象"提示，用户可直接选择圆角对象，无须再设定圆角半径，按[Enter]键结束命令。"圆角"命令亦可以处理圆和直线的连接，但需要注意，如果用户选择对象的位置不同，则处理结果也不同。另外，"圆角"命令在处理圆弧之间的圆角时也非常有效。

3.6 使用夹点编辑图形

除了使用之前介绍的图形编辑命令外，还可用夹点来快捷地编辑图形。所谓"夹点"，即一些小的填充的方框，用光标指定对象时，对象关键点上将出现夹点，用户通过选中、拖动夹点可快捷地编辑图形。通常，夹点有以下三种状态：未选中状态、选中状态和悬停状态。图3.27为常见几何对象的夹点位置。

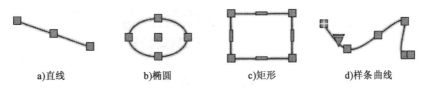

a)直线　　　　b)椭圆　　　　c)矩形　　　　d)样条曲线

图3.27　常见"夹点"位置

3.6.1　夹点的设置

通过依次选择"工具"→"选项"命令,用户可以调出"选项"对话框,切换到"选择集"选项卡,可实现夹点大小、夹点在各种状态下的颜色等特性的设置,如图3.28所示。

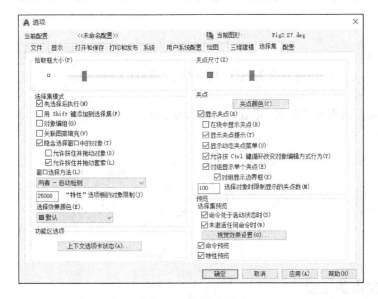

图3.28　"夹点"的设置

3.6.2　夹点的拉伸

用户可通过移动选中的夹点至新位置来拉伸对象,但对于某些特殊夹点(例如直线中点)而言,则是移动对象而不是拉伸对象。

操作步骤如下:

①选择要拉伸的对象。

②在对象上选择夹点,命令行提示如下:

```
命令:
＊＊拉伸＊＊
指定拉伸点或[基点(B)/复制(C)/放弃(U)/退出(X)]:
```

③移动夹点至指定位置,完成拉伸操作,如图3.29所示。

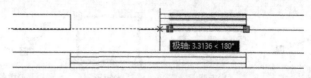

图 3.29　"夹点"的拉伸

3.6.3　夹点的移动

以所选夹点为基点平移对象到指定位置,对象的大小和方向保持不变。相关操作步骤如下:
①选择要移动的对象。
②在对象上选择基夹点,再按[Enter]键切换到移动模式。命令行提示如下:

命令:
＊＊移动＊＊
指定移动点或[基点(B)/复制(C)/放弃(U)/退出(X)]:

③移动基夹点到指定的位置,完成对象的移动,如图3.30所示。

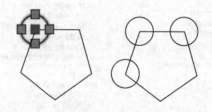

图 3.30　"夹点"的移动

3.6.4　夹点的镜像

如图3.31所示,夹点的镜像操作步骤如下:

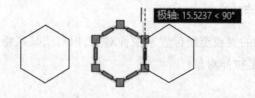

图 3.31　"夹点"的镜像

①选择要镜像的对象。
②在对象上选择基夹点作为镜像的基点,然后按[Enter]键切换到镜像模式。命令行提示如下:

命令:
＊＊镜像＊＊
指定第二点或[基点(B)/复制(C)/放弃(U)/退出(X)]:

③单击镜像线的第二点,完成对所选对象的镜像操作。

3.6.5 夹点的旋转

如图3.32所示,夹点的旋转操作步骤如下:

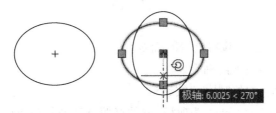

图3.32 "夹点"的旋转

①选择要旋转的对象。

②在对象上选择基夹点作为旋转的基点,然后按[Enter]键切换到旋转模式。命令行提示如下:

> 命令:
> ＊＊旋转＊＊
> 指定旋转角度或［基点(B)/复制(C)/放弃(U)/参照(R)/退出(X)］:

③移动光标,使选定的对象绕基点旋转,或者输入旋转角度,从而完成对所选对象的旋转操作。

3.6.6 夹点的缩放

如图3.33所示,夹点的缩放操作步骤如下:
①选择要缩放的对象。
②在对象上选择基夹点作为缩放的基点,然后按[Enter]键切换至缩放模式。命令行提示如下:

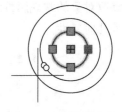

图3.33 "夹点"的缩放

> 命令:
> ＊＊比例缩放＊＊
> 指定比例因子或［基点(B)/复制(C)/放弃(U)/参照(R)/退出(X)］:

③拖动光标或者直接输入缩放比例值,完成对所选对象的缩放操作。

3.7 特性编辑

使用 AutoCAD 2020 绘图过程中,创建图形的同时也创建了与之相关的特性,包括对象的形状、大小、颜色、线型和线宽等。用户可根据需要对图形对象的特性进行修改和编辑。

3.7.1 特性窗口

（1）功能

"特性"选项板中列出了选定的对象或一组对象的特性的当前设置，用户可修改任何可通过指定新值来更改的特性。

（2）命令调用

用户可通过以下方式之一执行"特性"命令：

①依次选择"修改"→"特性"命令。

②单击"标准"工具栏中的"特性"按钮 ▣。

③双击对象亦可以打开"特性"选项板，或选择要查看或修改其特性的对象，在绘图工作区域中单击鼠标右键，然后在弹出的快捷菜单中选择"特性"命令。

3.7.2 特窗口的功能

对象的常规特性即指图形中的每个对象共享一组公共特性，包括"颜色""图层""线型""线型比例"及"打印样式"等内容。用户可单击"颜色"选项右侧的列表，AutoCAD 2020将弹出"选择颜色"对话框，用户可在此修改对象的颜色。对于"图层""线型"等部分的操作与之类似，此处不再赘述。另外，"特性"选项板中还显示了"三维效果""打印样式"等内容。

对于图3.34所示的"特性"选项板，AutoCAD将显示当前对象的"图层""颜色"等内容；除此之外，还将显示对象的几何属性，例如，圆心坐标、半径、直径、周长和面积等内容。用户可在此修改对象的常规属性和几何属性，如更改对象的图层、颜色等，甚至可以修改对象的圆心、半径等几何属性。

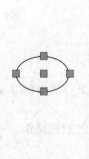

图3.34 "特性"选项板

3.7.3　特性匹配

(1)功能

使用"特性匹配"命令可将一个对象的特性快速地复制给其他对象,包括颜色、图层、线型、线宽及线型比例等特性。

(2)命令调用

在命令行中键入"MATCHPROP"或"PAINTER",然后按[Enter]键执行命令。

(3)操作示例

启动"特性匹配"命令后,AutoCAD 2020 命令行提示如下:

命令:_matchprop
选择源对象:(选择要复制其特性的对象)
当前活动设置:颜色 图层 线型 线型比例 线宽 透明度 厚度 打印样式 标注 文字 图案填充 多段线 视口 表格材质 阴影显示 多重引线(当前选定的特性匹配设置)
选择目标对象或 [设置(S)]:(选择目标对象或输入"S"调出"特性设置"对话框,如图 3.35 所示)

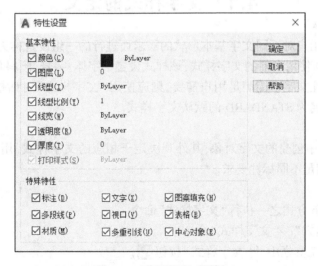

图 3.35　"特性设置"对话框

在"选择目标对象或 [设置(S)]"提示下,若用户直接选择目标对象,则源对象的所有特性都将复制给目标对象。在"特性设置"对话框中,用户可根据需要选择要复制的某个或多个特性。

第4章

文字标注

AutoCAD 2020 绘图过程中，往往需要对所表达图形添加相应的文字信息，完善及设置合理的文字不仅使图形能更好地表达设计思想，而且也使得图形表达整洁清晰。文字标注是 AutoCAD 绘图中相当重要的内容，图形设计中，不仅要绘制图形，还需标注必要的文字以表达各种信息，例如，建筑设计图中的设计说明、经济技术指标、技术要求等。本章主要介绍各种文字标注及其编辑方法。

4.1 文字样式的定义

为了满足不同用户对不同文字基本形状的需求而进行的一组设置称为文字样式。标注文字时，AutoCAD 2020 使用当前的文字样式，该样式设置了字体、字号、倾斜角度、方向及其他文字特征。若当前标注文字不能满足用户需要，则应使用"文字样式"对话框来创建文字样式。模板文件中定义了名为 STANDARD 的默认文字样式。

1）功能

AutoCAD 2020 中创建的文字对象，其外观决定于相应的文字样式，用户可根据要求定义多个文字样式，以满足不同标注要求。

2）命令调用

用户可通过以下方式之一执行"文字样式"命令：

①依次选择"格式"→"文字样式"命令。

②单击"文字"工具栏中的"文字样式"按钮 ![A] 。

③在命令行中键入"STYLE"或"ST"，然后按[Enter]键执行命令。

3）操作示例

启动"文字样式"命令后，AutoCAD 2020 命令行将弹出"文字样式"对话框，如图 4.1 所示。用户可利用该对话框修改或创建文字样式、设置文字的当前格式。"文字样式"对话框包含以下选项。

（1）当前文字样式

列出了当前文字样式。

（2）样式

显示图形中的样式列表。样式名前的图标指示样式为注释性。

（3）样式下拉列表

指定所有样式还是仅使用中的样式显示在样式下拉列表中。

（4）预览

随着字体的更改和效果的修改而显示当前设定的样例文字的实际效果。

图4.1 "文字样式"对话框

（5）字体

用于更改样式的字体。如果更改现有文字样式的方向或字体文件，当图形重新生成时，所有具有该样式的文字对象都将应用该新值。

①字体名：列出 Fonts 文件夹中所有已注册的 TrueType 字体及编译的 SHX 字体的族名。从其下拉列表中选择名称后，AutoCAD 2020 将读取指定字体的文件。若文件已由另一文字样式所使用，则将自动加载该文件的字符定义。当然，用户也可以定义使用同样字体的多个样式。

②字体样式：指定字体格式，例如，斜体、粗体等。选中"使用大字体"复选框后，该选项则变为"大字体"，用于选择大字体文件。

③使用大字体：即指定亚洲语言的大字体文件，只有 SHX 文件可以创建"大字体"。

（6）大小

用于更改文字的字号大小。

①注释性：指定文字为注释性，可以单击信息图标来了解有关注释性对象的详细信息。

②使文字方向与布局匹配：指定图纸空间视口中的文字方向与布局方向匹配，该复选框只有在选中"注释性"复选框时可用。

③高度：根据键入值设置文字高度。键入大于 0.0 的高度将自动为此样式设置文字高度。若键入 0.0 则使用上次使用的文字高度，或使用存储在图形样板文件中的值。

（7）效果

修改字体的特性，例如，颠倒、反向、垂直对齐以及宽度因子、倾斜角度等。

①颠倒：颠倒显示字符。

②反向：反向显示字符。

③垂直：显示垂直对齐的字符，仅当所选字体支持双向时有效，TrueType 字体的垂直定位不可用。

④宽度因子:用于设置字符间距。键入值小于1.0时将压缩文字,否则将扩大文字。

⑤倾斜角度:用于设置文字的倾斜角,键入值属于[-85,85]时文字将倾斜。

(8)置为当前

将选定的"样式"设置为当前样式。

(9)新建

显示"文字样式"对话框,供用户根据实际需要创建新的文字样式。

(10)删除

删除未应用的文字样式。

(11)应用

将对话框中所做的样式更改应用到当前样式和图形中。

4.2　文字的单行输入

绘图过程中,用户可使用单行文字创建一行或多行文字。其中,每行文字都是独立的对象,用户可对其进行重定位、格式调整及编辑等操作。当需要标注的文本不太长时,可利用TEXT命令创建单行文本。

1)功能

在用单行文字创建一行或多行文字时,可通过按[Enter]键结束每一行文字。

2)命令调用

用户可通过以下方式之一执行"单行文字"命令:

①依次选择"绘图"→"文字"→"单行文字"命令。

②单击"文字"工具栏中的"单行文字"按钮 A 。

③在命令行中键入"DTEXT"或"TEXT",然后按[Enter]键执行命令。

3)操作示例

启动"单行文字"命令后,AutoCAD 2020命令行提示如下:

> 命令:_text
> 当前文字样式:"Standard"文字高度:2.5000　注释性:否(说明当前文字样式、文字高度和注释性)
> 指定文字的起点或[对正(J)/样式(S)]:(指定文字的起点或选择其他选项)

各选项的含义如下:

(1)指定文字的起点

指定文字对象的起始位置。单击鼠标确定或输入文字起始位置后,AutoCAD 2020命令行提示如下:

> 指定高度<2.5000>:(指定文字的高度。仅当前文字样式不是注释性且无固定高度时,才显示该提示;如果当前文字样式为注释性,则显示"指定图纸文字高度"提示)
> 指定文字的旋转角度<0>:(指定文字的旋转角度)

指定文字的高度和旋转角度后,在绘图区中将显示文字插入点,按[Enter]键可换行输入,输入完毕后按两次[Enter]键结束命令。

(2)对正

用于设置文字的定位方式。选择该选项后命令行提示如下:

命令:_text
指定文字的起点 或 [对正(J)/样式(/S)]:j 输入选项 [左(L)居中(C)右(R)对齐(A)中间(M)布满(F)左上(TL)中上(TC)右上(TR)左中(ML)正中(MC)右中(MR)左下(BL)中下(BC)右下(BR)]

上述各选项均用于设置文字的定位方式,确定文字位置时需采用定位线,如图4.2所示。

图4.2 文字标注时各定位线的位置

各选项含义如下:

①对齐:通过指定基线端点来指定文字的高度和方向。字符的大小根据其高度按比例调整,文字字符串越长,字符越矮。

②布满:指定文字按照由两点定义的方向和一个高度值布满一个区域,只适用于水平方向的文字。指定的文字高度是文字起点与指定点之间的距离。文字字符串越长,字符越窄。字符高度保持不变。

③居中:通过指定基线的中点、高度、旋转角度来定位文字。其中,旋转角度是指基线以中点为圆心旋转的角度,其决定了文字的方向,可通过指定点来决定此角度。文字基线的绘制方向为从起点到指定点。若指定点在圆心左边,将绘制出倒置文字。

④中间:在基线的水平中点和指定高度的垂直中点上对齐文字,中间对齐的文字不保持在基线上。

⑤右对齐:在用户给定的点所指定的基线上右对齐文字。

⑥左上:以指定为文字顶点的点左对齐文字。仅适用于水平方向的文字。

⑦中上:以指定为文字顶点的点居中对齐文字。仅适用于水平方向的文字。

⑧右上:以指定为文字顶点的点右对齐文字。仅适用于水平方向的文字。

⑨左中:以指定为文字中间点的点左对齐文字。仅适用于水平方向的文字。

⑩正中:在文字的中央水平和垂直居中对齐文字。仅适用于水平方向的文字。注意:"正中"选项与"中间"选项不同,"正中"选项使用大写字母高度的中点,而"中间"选项则使用所有文字包括下行文字在内的中点。

⑪右中:以指定为文字中间点的点右对齐文字。仅适用于水平方向的文字。

⑫左下:以指定为基线的点左对齐文字。仅适用于水平方向的文字。

⑬中下:以指定为基线的点居中对齐文字。仅适用于水平方向的文字。

⑭右下：以指定为基线的点靠右对齐文字。仅适用于水平方向的文字。

文字标注时各个定位点的位置如图 4.3 所示。

中上
正中
左上
左中
左
左下
单行文字示例
右上
右中
右
右下
中间
中下
居中

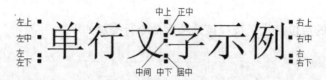

图 4.3　文字标注时各定位点的位置

(3)样式

用于设置文字所用的样式。选择该选项后命令行提示如下：

输入样式名或[？] <Standard>：(输入样式名或输入“？”)

若用户键入“？”，则命令行提示如下：

输入要列出的文字样式 < * >：(按[Enter]键，将列出所有样式和当前样式，如图 4.4 所示)

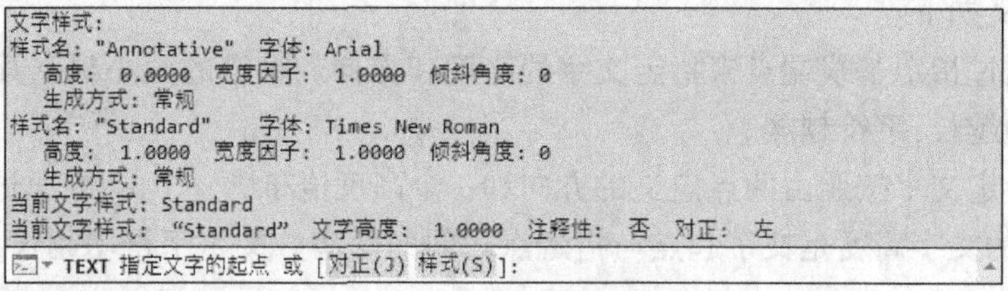

文字样式:
样式名: "Annotative"　字体: Arial
高度:　0.0000　宽度因子:　1.0000　倾斜角度: 0
生成方式: 常规
样式名: "Standard"　字体: Times New Roman
高度:　1.0000　宽度因子:　1.0000　倾斜角度: 0
生成方式: 常规
当前文字样式: Standard
当前文字样式: "Standard"　文字高度:　1.0000　注释性:　否　对正:　左
TEXT 指定文字的起点 或 [对正(J) 样式(S)]:

图 4.4　列出的所有文字样式

(4)特殊符号的键入

绘制工程图样时，经常需要标注一些特殊字符，如直径符号“ϕ”、角度单位符号“°”等。AutoCAD 2020 提供了相应的控制符，以实现这些特殊符号的键入。常用的控制符如表 4.1 所示。

常用的控制符　　表 4.1

控制符	功能
%%O	打开或关闭上划线
%%U	打开或关闭下划线
%%D	表示角度符号“°”
%%P	表示正负符号“±”
%%C	表示直径符号“ϕ”
%%%	表示百分号“%”
%%nnn	表示 ASCⅡ码字符，其中 nnn 为十进制的 ASCⅡ码字符值

控制符由两个百分号(%%)及一个字符组成，直接键入控制符，控制符会暂时出现在绘图区中，完成输入后控制符会自动转换为相应的特殊符号。例如，要输入正负符号“±”，则需要在绘图区的文字插入点键入“%%P”，完成后将显示所需正负号。而“%%O”和“%%U”则

是两个切换开关,在文字中第一次键入此控制符时,将打开上划线或下划线,第二次键入这两个控制符时则关闭上划线或下划线。控制符所在的文字若被定义为"TrueType"字体,则可能无法显示相应的特殊符号而出现乱码或者"?",此时可选择其他字体予以解决。

4.3 段落文字的创建

对于篇幅较长或较复杂的内容,可创建多行或段落文字,所以,段落文字也称为多行文字。无论行数多少,单个编辑任务中创建的每个段落都将作为一个单一对象进行处理,用户可对其进行删除、复制、移动、旋转、镜像或缩放等操作。

1)功能

段落文字亦称为多行文字,用户可创建任意数目的文字行或段落,而且所有文字作为一个整体进行处理,适用于创建复杂的、篇幅较长的文字说明。

2)命令调用

①依次选择"绘图"→"文字"→"多行文字"命令。

②单击"文字"工具栏中的"多行文字"按钮 A 。

③在命令行中键入"MTEXT"或"MT",然后按[Enter]键执行命令。

3)操作示例

启动"多行文字"命令后,AutoCAD 2020 命令行提示如下:

命令:MTEXT
当前文字样式:"Standard" 文字高度:2.5 注释性:否
指定第一角点:(在绘图区单击拾取一点,移动光标会出现一个随光标变化的矩形框)
指定对角点或[高度(H)/对正(J)/行距(L)/旋转(R)/样式(S)/宽度(W)/栏(C)]:
(指定矩形框的对角点或选择其他选项)

(1)上述命令行提示中,各选项的含义如下:

①指定对角点。

用于确定矩形文本框的另一对角点,指定对角点后将打开"文字格式编辑器"选项卡,如图4.5 所示。

图4.5 "文字格式编辑器"选项卡

②行距。

用于设置行间距,即相邻两行文字的基线或底线之间的垂直距离。选择该选项后,命令行提示如下:

输入行距类型[至少(A)/精确(E)]<至少(A)>:(输入行距类型或选择其他选项)

"至少"选项:将根据文本框的高度和宽度自动调整行间距,同时保证实际行间距至少为用户所设定的行间距。

"精确"选项:将保证实际行间距等于用户所设定的初始行间距。

> 输入行距比例或行距 <1x> :(单行间距可输入 1x,两倍间距可输入 2x,依此类推;也可以输入具体距离值,输入完成后重新回到主提示)

③宽度。

若选择该选项,可通过键入数值或拖动图形中的点来指定文本框的宽度。

(2)确定文字键入框后,将打开如图 4.5 所示的"文字格式编辑器"选项卡,用户可用其设置文字格式,其中各主要面板及选项的功能和信息如下:

①"样式"面板:向多行文字对象应用文字样式。如果将新样式应用到现有的多行文字对象中,用于字体、高度、粗体或斜体属性的字符格式将被替代,堆叠、下划线和颜色属性将会保留在应用了新样式的字符中。

②"格式"面板:为新键入的文字指定字体或更改选定文字的字体。TrueType 字体按字体族的名称列出。

③注释性:打开或关闭当前多行文字对象的"注释性"。

④文字高度:使用图形单位设定新文字的字符高度或更改选定文字的高度。如果当前文字样式没有固定高度,则文字高度将采用系统变量 TEXTSIZE 中存储的值。

⑤粗体、斜体:打开和关闭新文字或选定文字的粗体或斜体格式,此选项仅适用于使用了 TrueType 字体的字符。

⑥下划线、上划线:打开和关闭新文字或选定文字的下划线、上划线。

⑦放弃、重做:在文字编辑器中放弃或重做动作,包括对文字内容或文字格式所做的修改。

⑧堆叠:如果选定文字中包含堆叠字符,则创建堆叠文字(例如分数)。如果选定堆叠文字,则取消堆叠。使用堆叠字符、插入符号(^)、斜杠(/)和磅符号(#)时,堆叠字符左侧的文字将堆叠在字符右侧的文字上。默认情况下,包含插入符号的文字将转换为左对正的公差值。包含斜杠的文字将转换为居中对齐的分数值,斜杠将被转换为一条和较长字符串长度相同的水平线。包含磅符号的文字将转换为被斜线(高度与两个文字字符串高度相同)分开的分数。斜线上方的文字向右下对齐,斜线下方的文字向左上对齐。其效果如图 4.6 所示。

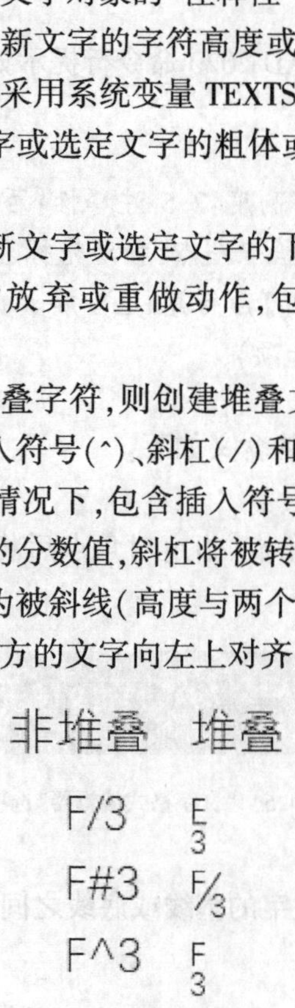

非堆叠　堆叠

F/3

F#3

F^3

图 4.6　"堆叠"方式

⑨颜色:指定新文字的颜色或更改选定文字的颜色。

⑩标尺:在编辑器顶部显示标尺。拖动标尺末尾的箭头可更改多行文字对象的宽度。当列模式处于活动状态时,还将显示高度和列夹点。

⑪确定:关闭编辑器并保存所做的所有更改。

⑫选项:显示其他文字选项列表。

⑬栏数:提供了3个栏数选项,即"不分栏""静态栏"和"动态栏"。

⑭多行文字对正:显示包含9个对齐选项的"多行文字对正"菜单。

⑮"段落"面板:显示"段落"对话框,如图4.7所示,以供用户进行段落相关设置。

⑯"左对齐、居中、右对齐、对正和分布":设置当前段落或选定段落的左、中或右文字边界的对正和对齐方式,包含在一行的末尾键入的空格,而且这些空格将影响行的对正。

⑰行距:显示建议的行距选项或"段落"对话框,在当前段落或选定段落中设置行距。注意:行距是多行段落中文字的上一行底部和下一行顶部之间的距离。

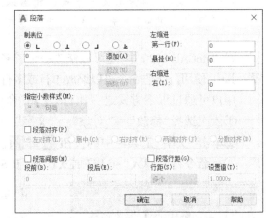

图4.7 "段落"对话框

⑱编号:显示"项目符号和编号"菜单,其中包含用于创建列表的选项。

⑲插入字段:显示"字段"对话框,从中可选择待插入到文字中的字段。

⑳大写、小写:将选定文字更改为大写或小写。

㉑符号:在光标位置插入符号或不间断空格,亦可手动插入符号,但不能在垂直文字中使用符号。

㉒倾斜角度:键入倾斜角度使文字倾斜。当倾斜角度的值为正时文字向右倾斜,反之则向左倾斜。

㉓追踪:增大或减小选定字符之间的空间。1.0为常规间距,该值设为大于1.0时则增大间距,反之则减小间距。

㉔宽度因子:扩展或收缩选定字符。1.0代表此字体中字母的常规宽度,用户可增大(即使用大于1.0的宽度因子)或减小(即使用小于1.0的宽度因子)该宽度。

4.4 文本的编辑

创建段落文字之后,往往需要根据需求进行调整、修改等操作,对段落文字进行编辑可以通过"编辑"命令和"特性"选项板进行。

4.4.1 用"编辑"命令编辑文本

(1)命令调用

用户可通过以下方式之一执行"编辑"命令:

①依次选择"修改"→"对象"→"文字"→"编辑"命令。

②单击"文字"工具栏中的"编辑"按钮 。

③在命令行中键入"DDEDIT"或"ED",然后按[Enter]键执行命令。

(2)操作示例

启动"编辑"命令后,AutoCAD 2020 命令行提示如下:

命令:_ddedit

　选择注释对象或[放弃(U)]:(选择要编辑的文字对象,若是单行文字则可直接编辑文字;若是多行文字,则弹出文字格式编辑器以对文字内容和格式进行编辑)

　选择注释对象或[放弃(U)]:(可继续选择文字对象,按[Enter]键结束)

在 AutoCAD 2020 中,还可以修改一个或多个文字对象的属性和比例,同时不改变对象的位置。其中,使用"比例"命令可以缩放单行或多行文字,使用"对正"命令可以修改文字的对正方式。

用户可通过以下方式之一执行"比例"命令:

①依次选择"修改"→"对象"→"文字"→"比例"或"对正"命令。

②单击"文字"工具栏中的按钮 或 。

③在命令行中键入"SCALETEXT"或"JUSTIFYTEXT",然后按[Enter]键执行命令。

图4.8 "特性"选项板

4.4.2 用"特性"选项板编辑文本

(1)命令调用

用户可通过以下方式之一执行"特性"命令:

①依次选择"修改"→"特性"命令。

②单击"标准"工具栏中的按钮 。

③在命令行中键入"PROPERTY"或"DDMODIFY",然后按[Enter]键执行命令。

(2)操作示例

启动"特性"命令后,将弹出"特性"选项板。根据所选文字类型的不同,"特性"选项板的选项会有所差异,如图4.8所示为一个多行文字对象的"特性"选项板。用户可在此选项板中修改文字的颜色、图层、线型,以及文字的内容、格式、对正方式等。

4.5 拼 写 检 查

使用"拼写检查"命令可以检查图形中所有文本对象的拼写正确与否。

(1)命令调用

用户可通过以下方式之一执行"拼写检查"命令:

①依次选择"工具"→"拼写检查"命令。

②单击"文字"工具栏中的按钮 。

③在命令行中键入"SPELL",然后按[Enter]键执行命令。

(2)操作示例

启动"拼写检查"命令后,AutoCAD 2020将弹出"拼写检查"对话框,如图4.9所示。在此检查所选文本的拼写错误,并提供了修改建议供用户选择。用户也可以根据实际需要将一些非单词名称(如人名、产品名称等)添加至用户字典中,从而减少不必要的拼写错误提示。

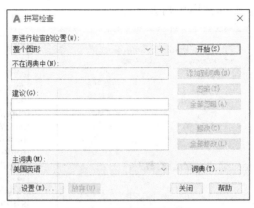

图4.9 "拼写检查"对话框

4.6 设置字体替换文件

打开由AutoCAD 2020所绘制的工程图样时,常常会出现由于无法找到对应字体而不能打开的问题,或打开文件后文字显示为"?"的情况,此时可通过替换字体予以解决。

4.6.1 字体的映射

(1)功能

字体映射是用字体映射文件进行字体替换的过程。如果图形中使用了当前系统中不可用的字体,则该字体将被其他字体替换。默认情况下,使用"simplex. shx"文件。若要指定不同的字体,则需要更改FONTALT系统变量来键入替换字体文件名。若使用的文字样式使用的是大字体(或亚洲语言集),则可以用FONTALT系统变量将其映射为另一字体。该系统变量使用默认的字体文件"txt. shx"和"bigfont. shx"。相关信息请参见国际通用文字字体。

(2)命令调用

用户可通过以下方式之一进行字体的映射:

①依次选择"工具"→"选项"命令,弹出"选项"对话框,切换至"文件"选项卡。

②在绘图区域的空白处右击,从快捷菜单中选择"选项"命令,弹出"选项"对话框,切换至"文件"选项卡。

(3)操作示例

①依次选择"工具"→"选项"命令,弹出"选项"对话框,切换至"文件"选项卡。

②双击"文本编辑器、词典和字体文件名"选项前面的"+"以展开之,其中有一分支名为"字体映射文件",指定使用的是"acad. fmp",及其默认存储路径,如图4.10所示。

③双击该路径以打开"acad.fmp"文件,其文件内容如图4.11所示。用户可以按照以下格式指定要使用的字体映射文件。字体映射文件的每一行包含一个字体映射,图形中使用的原始字体和替换字体通过符号";"隔开。例如,要使用 Times True Type 字体替换罗马字体,在映射文件中将如下表达:romanc.shx;times.ttf。如果 FONTMAP 未指向字体映射文件,或未找到 FMP 文件,或者未找到 FMP 文件中指定的字体文件名,则将使用样式中定义的字体。如果未找到样式中的字体,则将会根据替换规则进行替换。

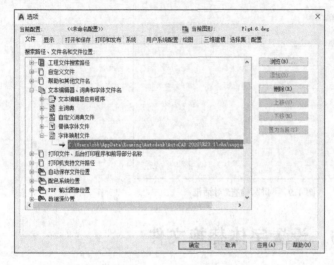

图4.10 "文件"选项卡　　　　　　图4.11 打开"acad.fmp"文件

4.6.2　替换文件

通常,打开 AutoCAD 2020 文件时,若无法找到相应的字体,程序将弹出如图4.12所示的"指定字体给样式"对话框,并提示用户在"大字体"列表中进行指定,用户可指定字体后单击"确定"按钮,以完成字体替换,无须改变文字样式。

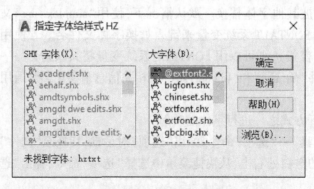

图4.12 "指定字体给样式"对话框

用户亦可以在"选项"对话框的"文件"选项卡中设置替换字体,如图4.13所示。双击"替换字体文件"下箭头指示的文件,将弹出"替换字体"对话框。用户可以在"字体名"列表框中选择要替换的字体。

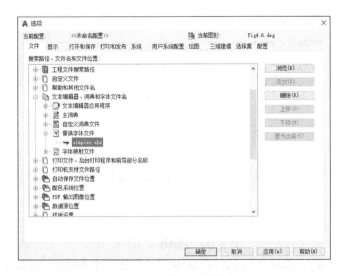

图4.13 选择要替换的字体

4.7 表 格

使用 AutoCAD 2020 可以创建表格,表格的外观由表格样式控制。对于已经生成的表格对象,用户可以根据需要对其形状和其中的文字信息进行修改和编辑。

4.7.1 表格样式新建和表格管理

(1)功能

与创建文字前先定义文字样式一样,在创建表格前,应先定义表格样式来控制表格外观,可使用默认表格样式,也可以根据需要创建或编辑新样式。用户也可以管理表格,包括预览表格、将表格置为当前以及删除表格。

(2)命令调用

用户可通过以下方式之一执行"表格样式"命令:

①依次选择"格式"→"表格样式"命令。

②单击"样式"工具栏中的"表格样式"按钮 。

③在命令行中键入"TABLESTYLE",然后按[Enter]键执行命令。

(3)操作示例

启动"表格样式"命令后,将弹出"表格样式"对话框,如图4.14所示。其中各选项含义如下:

①当前表格样式:显示应用于所创建表格的表格样式名称。

②样式:显示表格样式列表,当前样式被高亮显示。

③列出:控制"样式"列表的内容。

④预览:显示"样式"列表中选定样式的预览图像。

⑤置为当前:将"样式"列表中选定的表格样式设定为当前样式,所有新表格都将使用此表格样式创建。

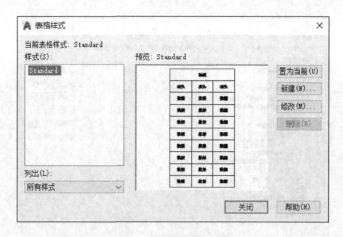

图 4.14 "表格样式"对话框

⑥新建：显示"新建表格样式"对话框，从中可定义新的表格样式，如图 4.15 所示。

图 4.15 "新建表格样式"对话框

⑦修改：显示"修改表格样式"对话框，从中可修改表格样式，其功能选项与"新建表格样式"对话框相同。

⑧删除：删除"样式"列表中选定的表格样式，但不能删除图形中正在使用的样式。

4.7.2 表格数据、列标题和标题样式的设置

"新建表格样式"和"修改表格样式"对话框中都包含了多个选项，例如，"数据""表头"和"标题"，用来分别设置表格中数据、表头和标题样式。具体各选项的含义如下。

1）起始表格

为用户提供在图形中指定一个表格作为样例来设置此表格样式的格式。选择表格后，可指定要从该表格复制到表格样式的结构和内容。使用"删除"按钮，可将表格从当前指定的表格样式中删除。

2）常规

①表格方向：用于设置表格的方向。"向下"将创建由上而下读取的表格，标题行和列标题位于表格的顶部；"向上"将创建由下而上读取的表格，标题行和列标题位于表格的底部。

②预览：显示当前表格样式设置效果的样例。

3）单元样式

定义新的单元样式或修改现有单元样式，可以创建任意数量的单元样式。

①"单元样式"菜单：显示表格中的单元样式，即"数据""表头"或"标题"。

②"创建新单元样式"按钮：启动"创建新单元样式"对话框。

③"管理单元样式"按钮：启动"管理单元样式"对话框，如图4.16所示。

4）"单元样式"选项卡

设置数据单元、单元文字和单元边框的外观。

(1)"常规"选项卡，如图4.17所示，各选项的含义如下：

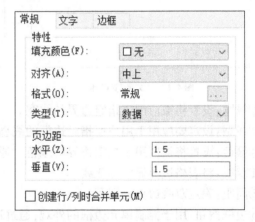

图4.16 "管理单元样式"对话框　　　　图4.17 "常规"选项卡

①填充颜色：指定单元的背景颜色，默认值为"无"。可通过"选择颜色"显示"选择颜色"对话框。

②对齐：设置表格单元中文字的对正和对齐方式。文字相对于单元的顶部边框和底部边框进行居中对齐、上对齐或下对齐。文字相对于单元的左边框和右边框进行居中对正、左对正或右对正。

③格式：为表格中的"数据""表头"及"标题"行设置数据类型和格式。单击该按钮将弹出"表格单元格式"对话框，从中可进一步定义格式选项。

④类型：将单元样式指定为标签或数据。

⑤页边距：用于控制单元边框和单元内容之间的间距，单元边距设置应用于表格中的所有单元。其中，"水平"用于设置单元中的文字或块与左、右单元边框之间的距离。"垂直"用于设置单元中的文字或块与上、下单元边框之间的距离。

⑥创建行/列时合并单元：将使用当前单元样式创建的所有新行或新列合并为一个单元。可以使用此选项在表格的顶部创建标题行。

（2）文字选项卡，如图 4.18 所示，各选项含义如下：

①文字样式：列出可用的文本样式。

②文字样式按钮：显示"文字样式"对话框，从中可以创建或修改文字样式。

③文字高度：设定文字高度。

④文字颜色：指定文字颜色。通过"选择颜色"可显示"选择颜色"对话框。

⑤文字角度：供用户设置文字角度。

（3）"边框"选项卡，如图 4.19 所示，各选项含义如下：

图 4.18　"文字"选项卡

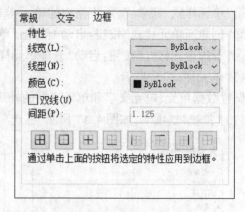

图 4.19　"边框"选项卡

①线宽：设置将被应用于指定边界的线宽。

②线型：设定要应用于用户所指定边框的线型。选择"其他"可加载的自定义线型。

③颜色：设置将被应用于指定边界的颜色。通过"选择颜色"可显示"选择颜色"对话框。

④双线：将表格边界显示为双线。

⑤间距：确定双线边界的间距。

⑥边框按钮：用于控制单元边框的外观，通过选择不同的按钮将选定的特性应用于相应的边框。边框特性包括栅格线的线宽和颜色。

5）单元样式预览

显示当前表格样式设置效果的样例。

4.7.3　表格的创建

1）功能

对表格样式设置完毕后，即或使用该样式创建表格。

2）命令调用

用户可通过以下方式之一创建表格：

①依次选择"绘图"→"表格"命令。

②单击"绘图"工具栏中的"表格"按钮 ▦。

③在命令行中键入"TABLE"，然后按[Enter]键执行命令。

3）操作示例

启动命令后，将弹出"插入表格"对话框，如图 4.20 所示。该对话框中各个选项的含义如下：

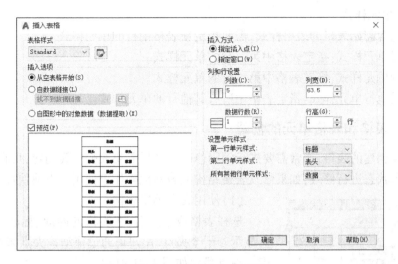

图4.20 "插入表格"对话框

（1）表格样式

在要从中创建表格的当前图形中选择表格样式。通过单击下拉列表旁边的按钮，可创建新的表格样式。

（2）插入选项

用于指定插入表格的方式。

①从空表格开始：创建可以手动填充数据的空表格。

②自数据链接：从外部电子表格中的数据创建表格。

③自图形中的对象数据：启动"数据提取"向导。

（3）预览

控制是否显示预览。如果从空表格开始，则预览将显示表格样式的样例；如果创建表格链接，则预览将显示结果表格。处理大型表格时，可取消选择该复选框以提高性能。

（4）插入方式

用于指定表格位置。

①指定插入点：指定表格左上角的位置。可以指定一点确定位置，也可在命令提示下输入坐标值。如果表格样式将表格的方向设定为由下而上读取，则插入点位于表格的左下角。

②指定窗口：指定表格的大小和位置。可以指定一点来确定位置，也可在命令提示下键入坐标值。选定此单选按钮时，行数、列数、列宽及行高取决于窗口的大小以及列和行设置。

（5）列和行设置

设置行与列的数目和大小。

①列数、列宽：用于指定列数和列的宽度。选择"指定窗口"单选按钮并指定列宽时，"自动"选项将被选定，且列数由表格的宽度控制；选择"指定窗口"单选按钮并指定列数时，"自动"选项将被选定，且列宽由表格的宽度控制。

②数据行数、行高：指定行数和行高。选择"指定窗口"单选按钮并指定行高时，则选定了"自动"选项，且行数由表格的高度控制；选择"指定窗口"单选按钮并指定行数时，则选定了"自动"选项，且行高由表格的高度控制。

（6）设置单元样式

对于不包含起始表格的表格样式，需要指定新表格中行的单元格式。

①第一行单元样式：指定表格中第一行的单元样式。

②第二行单元样式：指定表格中第二行的单元样式。

③所有其他行单元样式：指定表格中所有其他行的单元样式。

4.7.4　表格和表格单元的创建

对于已经创建的表格，通常需要进行编辑修改。如果需要改变单元内容，可在单元处直接双击进入编辑状态进行修改，如果修改表格结构或做其他操作可使用夹点或快捷菜单。

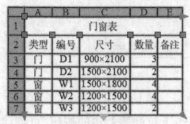

图4.21　表格夹点

（1）使用夹点编辑表格

选择表格或单元后，在表格的四周、标题行、单元上将会显示若干个夹点，用户可通过拖动该夹点来改变行、列宽度。夹点显示如图4.21所示。

（2）使用快捷菜单编辑表格

选择表格的某一部分，右击将弹出快捷菜单，用户可根据需要选择其中命令对表格进行编辑。

①单击网格线将选中整个表格。用户可利用快捷菜单对表格进行剪切、复制、删除、移动、缩放及旋转等操作，也可均匀地调整表格的行、列大小。

②选择某一单元或多个单元则选中所选择的单元，选中单元后将打开"表格单元"工具栏，如图4.22所示，方便用户进行编辑。通过"表格单元"工具栏或快捷菜单可以对选中的单元进行编辑，包括单元格的复制、剪切、对齐、边框处理、匹配处理、内容格式锁定、数据格式处理，以及对行和列进行插入和删除、插入块、插入公式、编辑单元文字、合并单元等操作。图4.23和图4.24所示为选择连续单元和合并表格单元的效果。

图4.22　"表格单元"工具栏

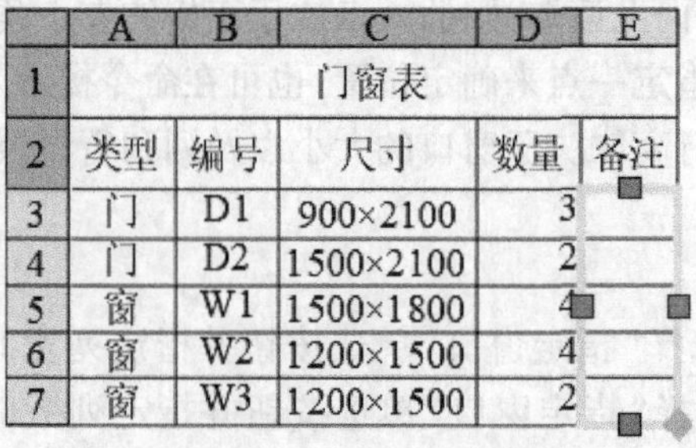

图4.23　选择连续单元 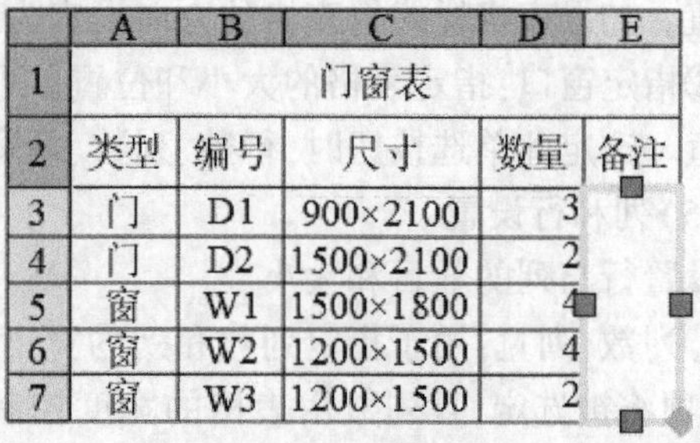　　　　　　图4.24　合并表格单元

③在选定的单元中可以插入公式进行计算，包括求和、求平均值、计数等。在公式中，可以通过单元的列字母和行号引用单元，例如，表格中左上角的单元为A1，合并单元使用左上角单

元的编号。单元的范围由第一个单元和最后一个单元定义,并在它们之间加一个冒号。例如,范围 A5:C10 包括第 5 行到第 10 行 A、B 和 C 列中的单元。

公式必须以等号(=)开始。用于求和、求平均值和计数的公式将忽略空单元以及未解析为数值的单元。如果在算术表达式中的任何单元为空,或者包含非数字数据,则其他公式将显示错误(#)。例如将图 4.21 所示的表格中的门窗数量进行统计,过程如图 4.25 ~ 图 4.28 所示。

门窗表				
类型	编号	尺寸	数量	备注
门	D1	900×2100	3	
门	D2	1500×2100	2	
窗	W1	1500×1800	4	
窗	W2	1200×1500	4	
窗	W3	1200×1500	2	
合计				

图 4.25 新增一行

	A	B	C	D	E
1	门窗表				
2	类型	编号	尺寸	数量	备注
3	门	D1	900×2100	3	
4	门	D2	1500×2100	2	
5	窗	W1	1500×1800	4	
6	窗	W2	1200×1500	4	
7	窗	W3	1200×1500	2	
8	合计				

图 4.26 选择输入公式的表格单元

	A	B	C	D	E
1	门窗表				
2	类型	编号	尺寸	数量	备注
3	门	D1	900×2100	3	
4	门	D2	1500×2100	2	
5	窗	W1	1500×1800	4	
6	窗	W2	1200×1500	4	
7	窗	W3	1200×1500	2	
8	合计			=Sum(D3:D7)	

图 4.27 输入公式

门窗表				
类型	编号	尺寸	数量	备注
门	D1	900×2100	3	
门	D2	1500×2100	2	
窗	W1	1500×1800	4	
窗	W2	1200×1500	4	
窗	W3	1200×1500	2	
合计			15	

图 4.28 合计值

在选择多个表格单元的时候,可在表格中按住鼠标左键拖动光标,此时将出现一个虚线矩形框,在该矩形框中以及与矩形框相交的单元都会被选中;也可在单元内单击选择单元,然后按住[Shift]键单击选择其他单元。

第5章

尺寸标注

尺寸是工程图样的重要表达元素。工程图样中的图形必须标注完整的实际尺寸,作为施工中测量放线的重要依据。不同类型的图纸,对尺寸标注的要求亦不相同。尺寸标注包括四部分内容:尺寸界线、尺寸线、尺寸起止符号和尺寸数字。本章主要介绍尺寸标注的样式设置、标注方法以及尺寸标注的编辑与修改等内容。

5.1 尺寸标注样式的设置

1)功能

标注样式控制着标注的格式和外观,在进行尺寸标注前应先定义尺寸标注样式。

2)命令调用

用户可通过以下方式之一执行"标注样式"命令:

①依次选择"格式"或"标注"→"标注样式"命令。

②单击"标注"工具栏中的按钮 。

③在命令行中键入"DIMSTYLE"或"D"或"DST"或"DDIM"或"DIMSTY",然后按[Enter]键执行命令。

命令启动后,将弹出"标注样式管理器"对话框,如图5.1所示。

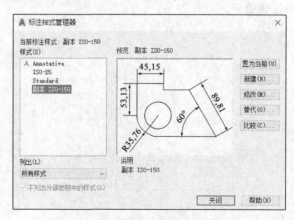

图5.1 "标注样式管理器"对话框

3）操作示例

该对话框左侧的"样式"列表框中列出了当前可用的尺寸类型，"预览"区中显示了当前尺寸标注样式的预览效果。该对话框中其他几个按钮的功能如下：

①置为当前：将某一尺寸标注样式设置为当前标注样式，当前的标注将采用该样式。

②新建：用于创建新的尺寸标注样式。

③修改：用于修改选定的尺寸标注样式。

④替代：用于设置当前标注样式的临时替代样式。替代样式将显示在"样式"列表框的标注样式下，不需要时可右击，在弹出的快捷菜单中选择"删除"命令来删除。

⑤比较：用于对两个标注样式间的比较。

5.1.1 新建标注样式

在"标注样式管理器"对话框中单击"新建"按钮，将弹出"创建新标注样式"对话框，如图5.2所示。

①新样式名：用于输入新建样式的名称。

②基础样式：用于选择一种基础样式，新样式将在该样式的基础上进行修改。

③用于：用于指定新样式的使用范围。

单击该对话框中"继续"按钮，将弹出"新建标注样式"对话框，如图5.3所示，用户可根据需要对新样式进行相应设置。

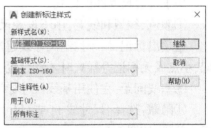

图5.2 "创建新标注样式"对话框

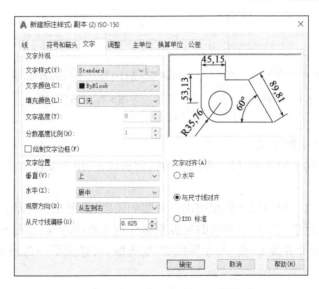

图5.3 "新建标注样式"对话框

5.1.2 控制标注要素

一个典型的尺寸标注通常由尺寸线、尺寸界线、箭头和标注文字等要素组成，如图5.4所示。

在"新建标注样式"对话框的"线""符号和箭头""文字"选项卡中可控制尺寸标注的要素。

1)线

用于设置尺寸线、尺寸界线的外观,包括颜色、线型、线宽和位置等,可在"预览"区中显示设置的效果,如图5.5所示。

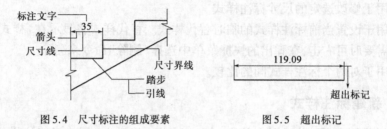

图5.4 尺寸标注的组成要素　　　　　图5.5 超出标记

(1)尺寸线

用于设置尺寸线的样式。

①颜色、线型和线宽:用于设置尺寸线的颜色、线型及线宽。

②超出标记:用于控制尺寸线超出尺寸界线的长度,但只当尺寸线两端采用倾斜、建筑标记、小点或无标记等样式时才能设置,如图5.5所示。

③基线间距:在使用基线尺寸标注时,可设置平行尺寸线之间的距离,如图5.6所示。

④隐藏:选择"尺寸线1"或"尺寸线2"复选框,可隐藏第一条或第二条尺寸线及其相应的起止符号,如图5.7所示。

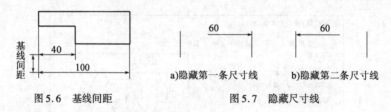

图5.6 基线间距　　　　　图5.7 隐藏尺寸线

(2)尺寸界线

用于设置尺寸界线的样式。

①颜色、尺寸界线1的线型、尺寸界线2的线型和线宽:用于设置尺寸界线的颜色、线型及线宽。

②超出尺寸线:用于控制尺寸界线超出尺寸线的长度,如图5.8所示。

③起点偏移量:用于控制尺寸界线的起点到标注定义点的距离,如图5.9所示。

④隐藏:选择"尺寸界线1"或"尺寸界线2"复选框,可隐藏第一条或第二条尺寸界线,如图5.10所示。

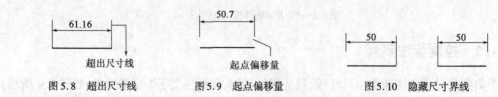

图5.8 超出尺寸线　　　图5.9 起点偏移量　　　图5.10 隐藏尺寸界线

2）符号和箭头

用于设置箭头、圆心标记、折断标注、弧长符号、半径折弯标注和线性折弯标注等的样式，"预览"区中将显示当前样式的预览效果，如图5.11所示。

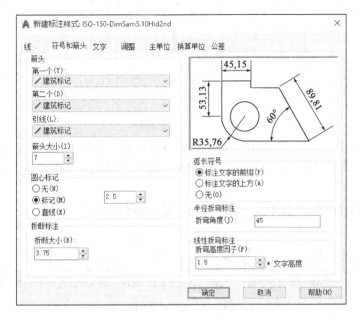

图5.11 "符号和箭头"选项卡

（1）箭头

用于设置箭头的类型和大小。用户可在下拉列表中选择箭头样式，并在"箭头大小"数值框中设置箭头大小，也可自定义箭头。

（2）圆心标记

用于设置圆心标记的类型和大小，可将圆心标记设置为不标记、圆心标记或直线标记，如图5.12所示。

（3）弧长符号

用于设置弧长标注中圆弧符号的样式。如果圆弧的圆心位于图形边界外，可使用折弯标注其半径。

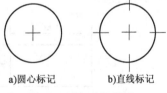

a)圆心标记   b)直线标记

图5.12 圆心标记类型

3）文字

用于设置尺寸标注的文字外观、位置和对齐。在"新建标注样式"对话框中单击"文字"标签，切换到"文字"选项卡，如图5.3所示。

（1）文字外观

用于设置文字的样式、颜色、高度和分数高度比例。其中，"分数高度比例"选项用于设置标注文字中的分数相对于其他标注文字的比例，该选项仅当在"主单位"选项卡中选择"分数"作为单位格式时才有效；若选择"绘制文字边框"选项，则在标注文字周围会显示一个边框。

（2）文字位置

用于设置文字相对于尺寸线的位置。

①垂直:用于设置标注尺寸文字的垂直放置位置,包括"上""居中""外部""下"及"JIS"共五个选项,如图5.13所示。

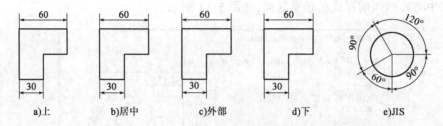

图5.13 文字垂直位置

②水平:用于设置标注文字沿尺寸线方向的放置位置,包括"居中""第一条尺寸界线""第二条尺寸界线""第一条尺寸界线上方"和"第二条尺寸界线上方"共五个选项,如图5.14所示。

③从尺寸线偏移:用于设置标注文字与尺寸线之间的距离。

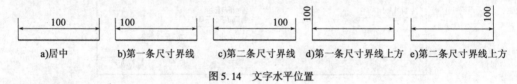

图5.14 文字水平位置

(3)文字对齐

用于设置标注文字是保持水平还是与尺寸线平行。其中,"水平"表示标注文字水平放置,如图5.15a)所示;"与尺寸线对齐"表示标注文字与尺寸线方向保持一致,如图5.15b)所示;"ISO标准"表示,当标注文字在尺寸界线内时文字与尺寸线对齐,否则文字水平放置,如图5.15c)所示。

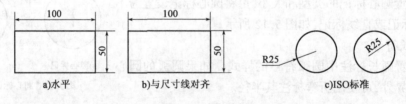

图5.15 文字对齐

5.1.3 设置调整

通过"新建标注样式"对话框中的"调整"选项卡,可设置标注文字、箭头、引线和尺寸线的位置,如图5.16所示。

(1)调整选项

当尺寸界线之间没有足够空间同时放置文字和箭头时,可使用该选项设置将某项从尺寸界线之间移出,包括"文字或箭头(最佳效果)""箭头""文字""文字和箭头"及"文字始终保持在尺寸界线之间"五个选项,用户可根据需要选择。

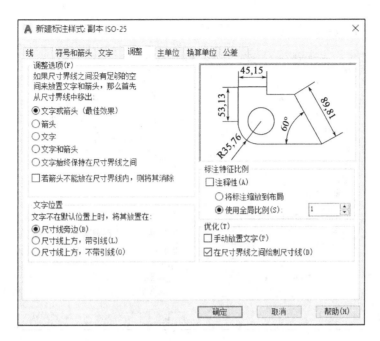

图 5.16 "调整"选项卡

（2）文字位置

用于设置当标注文字不在默认位置时的文字位置,包括"尺寸线旁边""尺寸线上方,带引线"和"尺寸线上方,不带引线"三个选项。

（3）标注特征比例

用于设置全书标注比例或图纸空间的比例。

①将标注缩放至局部:可根据当前模型空间视口与图纸空间之间的缩放关系设置比例因子。

②使用全局比例:对全部尺寸标注设置缩放比例,但比例不改变尺寸的测量值。

（4）优化

对标注文字和尺寸线进行调整,包括"手动放置文字"和"在尺寸界线之间绘制尺寸线"两个复选框。

5.1.4 设置主单位

"主单位"选项卡用于设置标注样式的单位格式、精度等属性,如图 5.17 所示。

（1）线性标注

用于设置线性标注的格式和精度。

①单位格式:用于设置除角度标注以外的各标注类型的单位格式。

②精度:设置除角度标注以外的各标注类型的尺寸精度。

③分数格式:当单位格式为"分数"时,用于设置分数的标注格式,包括"水平""对角"和"非堆叠"三种方式。

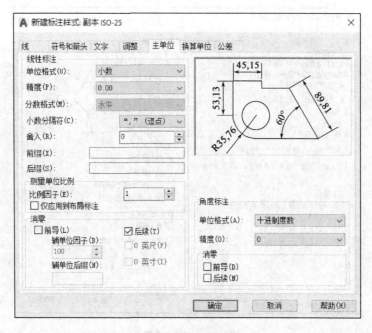

图 5.17　"主单位"选项卡

④舍入：设置除角度标注以外的尺寸测量值的舍入值。

（2）测量单位比例

用于设置测量尺寸的缩放比例，实际标注值为测量值与该比例因子之积。若选择"仅应用到布局标注"复选框，则该比例关系仅适用于局部。

（3）消零

用于设置是否显示尺寸标注中的前导零和后续零。

（4）角度标注

用于设置角度标注的单位格式和精度，以及是否显示前导零和后续零。

5.1.5　设置换算单位

在"新建标注样式"对话框中，"换算单位"选项卡用于设置标注换算单位的显示、格式和精度。用户可通过"显示换算单位"复选框设置是否显示换算单位，如图 5.18 所示。

（1）换算单位

用于设置换算单位的格式、精度、换算单位倍数、舍入精度以及前缀、后缀等，其中，"换算单位倍数"为两种单位的换算比例关系。

（2）消零

用于设置是否显示前导零和后续零。

（3）位置

用于设置换算单位的位置，包括"主值后"和"主值下"两个单选按钮，用户可根据需要进行选择。

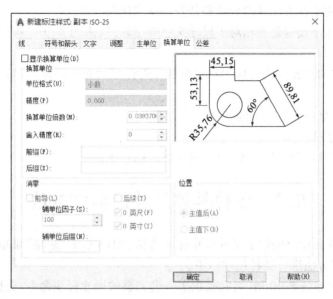

图 5.18 "换算单位"选项卡

5.1.6 设置公差

使用"新建标注样式"对话框中的"公差"选项卡,可设置是否标注公差以及公差的格式,如图 5.19 所示。

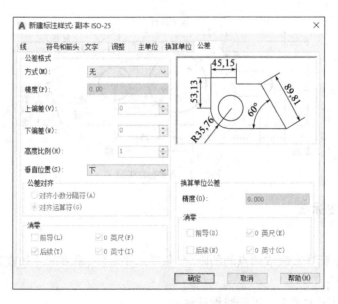

图 5.19 "公差"选项卡

(1)公差格式

用于设置公差方式与格式。

①方式:用于选择公差类型,包括"无""对称""极限偏差""极限尺寸"和"基本尺寸"五个选项。

②高度比例:用于设置尺寸的分数和公差的高度比例因子。

③垂直位置:用于设置公差相对于尺寸文字的位置,包括"上""中"和"下"三个选项。

(2)公差对齐

用于设置公差的对齐方式,包括"对齐小数分隔符"和"对齐运算符"两个单选按钮。

(3)消零

用于设置是否显示标注中的前导零和后续零。

(4)换算单位公差

用于设置换算单位公差的精度,以及是否显示前导零和后续零。

5.2 各种具体尺寸的标注方法

AutoCAD 2020为用户提供了多种尺寸标注方法,用户可在"标注"菜单或"标注"工具栏中选择适当的标注方法进行各种尺寸标注。

"标注"工具栏如图5.20所示,它提供了一套完整的尺寸标注命令,是按图纸进行生产活动的重要依据。AutoCAD 2020提供了多种标注方法,可满足用户对各种对象的标注要求,如图5.21所示。

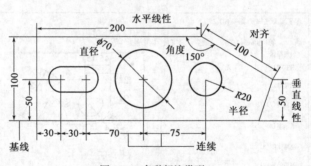

图5.20 "标注"工具栏

图5.21 各种标注类型

5.2.1 线性标注

(1)功能

线性标注用于标注直线或两点间的距离,包括水平标注、垂直标注和放置标注三种类型。

(2)命令调用

用户可通过以下方式之一进行线性标注:

①依次选择"标注"→"线性"命令。

②单击"标注"工具栏上的按钮 。

(3)操作示例

启动命令后,AutoCAD 2020命令行提示如下:

命令：DIMLINEAR

指定第一条尺寸界线原点或<选择对象>:(指定第一条尺寸界线的起点)

指定第二条尺寸界线原点:(指定第二条尺寸界线的起点)

指定尺寸线位置或[多行文字(M)/文字(T)/角度(A)/水平(H)/垂直(V)/旋转(R)]:

上述命令行提示中,各选项的含义如下:

①指定尺寸线位置:在绘图区中单击一点指定尺寸线的位置。

②多行文字:使用"多行文字编辑器"标注文字,其中的尖括号表示系统测量值。

③文字:自定义标注文字,用户可自行键入标注文字而不采用测量值。

④角度:设置标注文字的旋转角度,选择该选项后,在命令框中键入需要的旋转角度即可。

⑤水平、垂直、旋转:分别用于创建水平线性标注、垂直线性标注和旋转线性标注。

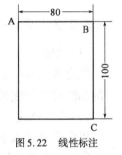

图 5.22 线性标注

对图 5.22 所示的矩形进行尺寸标注。命令行提示如下:

命令：DIMLINEAR

指定第一条尺寸界线原点或<选择对象>:(捕捉点 A)

指定第二条尺寸界线原点:(捕捉点 B)

指定尺寸线位置或[多行文字(M)/文字(T)/角度(A)/水平(H)/垂直(V)/旋转(R)]:
(拖动鼠标将尺寸线移动到适当位置,单击结束)

命令：DIMLINEAR(或按[Enter]键重新启动命令)

指定第一条尺寸界线原点或<选择对象>:(捕捉点 B)

指定第二条尺寸界线原点:(捕捉点 C)

指定尺寸线位置或[多行文字(M)/文字(T)/角度(A)/水平(H)/垂直(V)/旋转(R)]:
(拖动鼠标将尺寸线移动到适当位置,单击结束)

5.2.2 对齐标注

(1)功能

该命令用于创建与指定位置或对象平行的标注。对齐标注的尺寸线与尺寸界线的两个原点的边线平行,一般用于对倾斜线段的标注。

(2)命令调用

用户可通过以下方式之一进行对齐标注:

①依次选择"标注"→"对齐"命令。

②单击"标注"工具栏上的按钮。

(3)操作示例

启动命令后,AutoCAD 2020 命令行提示如下:

命令：_dimaligned

指定第一条尺寸界线原点或<选择对象>：(指定第一条尺寸界线的起点或者按[Enter]键选择要标注的对象,自动确定两尺寸界线的起始点)

指定第二条尺寸界线原点：(指定第二条尺寸界线的起点)

指定尺寸线位置或[多行文字(M)/文字(T)/角度(A)]：(拖动鼠标指定尺寸线位置后单击完成操作)

其中各选项的含义同线性标注中的选项。

5.2.3　基线标注

(1)功能

该命令指从一条基准界线到各个点进行尺寸标注。标注的第一条尺寸界线为基准线,所有的基线尺寸标注都有共同的第一条尺寸界线。

(2)命令调用

用户可通过以下方式之一进行基线标注:

①依次选择"标注"→"基线"命令。

②单击"标注"工具栏上的按钮 ▣ 。

(3)操作示例

启动命令后,AutoCAD 2020 命令行提示如下:

命令：_dimbaseline

选择基准标注：(选择作为基准的标注)

指定第二条尺寸界线原点或[放弃(U)/选择(S)]<选择>：(指定第二条尺寸界线的起点)

指定第二条尺寸界线原点或[放弃(U)/选择(S)]<选择>：(继续选择下一个标注的第二条尺寸界线的起点,或按[Enter]键结束命令)

对图 5.23 所示的图形进行基线标注。命令行提示如下:

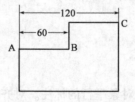

图 5.23　基线标注

命令：_dimlinear

指定第一条尺寸界线原点或<选择对象>：(捕捉点 A)

指定第二条尺寸界线原点：(捕捉点 B)

指定尺寸线位置或[多行文字(M)/文字(T)/角度(A)/水平(H)/垂直(V)/旋转(R)]：(拖动鼠标将尺寸线移动到适当位置,单击结束)

标注文字 ＝ 60
命令：_dimbaseline
指定第二条尺寸界线原点或[放弃(U)/选择(S)]＜选择＞：(选择点 C)
标注文字 ＝ 120
指定第二条尺寸界线原点或[放弃(U)/选择(S)]＜选择＞：(按[Enter]键结束命令)

5.2.4　连续标注

(1)功能

连续标注是首尾相连的多个尺寸标注,以已经存在的线性标注、对齐标注、角度标注或圆心标注作为基准。

(2)命令调用

用户可通过以下方式之一连续标注：

①依次选择"标注"→"连续"命令。

②单击"标注"工具栏上的按钮 ⊬ 。

(3)操作示例

启动命令后,AutoCAD 2002 命令行提示如下：

命令：_dimcontinue

若当前任务中未创建任何标注,则提示用户选择线性标注、坐标标注或角度标注作为基准。命令行提示如下：

选择基准标注：

若当前任务中已创建线性标注、坐标标注或角度标注,则将使用最近一次的标注作为基准进行连续标注。命令行提示如下：

指定第二条尺寸界线原点或[放弃(U)/选择(S)]＜选择＞：

指定第二条尺寸界线原点：使用上一次标注的第二条尺寸界线原点作为当前标注的第一条尺寸界线原点,并指定第二条尺寸界线。命令行提示如下：

指定第二条尺寸界线原点或[放弃(U)/选择(S)]＜选择＞：(可连续选择第二条尺寸界线原点,或按[Enter]键结束命令)

放弃：撤销上一次的连续尺寸标注,进行重新标注。

选择：AutoCAD 2020 提示选择连续标注,选择之后,将再次显示"指定第二条尺寸界线原点"或"指定点坐标"提示。

若基准标注为坐标标注,则命令行提示如下：

指定第二条尺寸界线原点或[放弃(U)/选择(S)]<选择>:(将基线标注的端点作为连续标注的端点,指定下一个点坐标或选择选项)

5.2.5 倾斜标注

(1)功能

该命令用于创建尺寸线与尺寸界线不垂直的标注。一般情况下,尺寸界线垂直于尺寸线,然而,如果尺寸界线与图形中的其他发生冲突,标注后可使用倾斜标注更改其角度,使现有的标注倾斜不至影响新的标注。

(2)命令调用

依次选择"标注"→"倾斜"命令。

(3)操作示例

启动命令后,AutoCAD 2020命令行提示如下:

命令:_dimedit
输入标注编辑类型[默认(H)/新建(N)/旋转(R)/倾斜(O)]<默认>:_o(使用倾斜命令会自动选择"倾斜"选项)
选择对象:(选择要倾斜的标注)
选择对象:(可继续选择标注,或按[Enter]键结束选择)
输入倾斜角度:70(输入要倾斜的角度,或指定两点以确定角度)

倾斜标注的效果如图5.24b)所示。

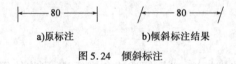

a)原标注   b)倾斜标注结果

图5.24 倾斜标注

5.2.6 弧长标注

(1)功能

该命令用于测量圆弧或多段线圆弧上的距离。弧长标注的尺寸界线可正交或径向。在标注文字的上方或前面将显示圆弧符号。

(2)命令调用

用户可通过以下方式之一进行弧长标注:

①依次选择"标注"→"弧长"命令。

②单击"标注"工具栏上的按钮 。

(3)操作示例

启动命令后,AutoCAD 2020命令行提示如下:

命令:_dimarc
选择弧线段或多段线圆弧段:(选择要标注的圆弧或多段线弧线段)

指定弧长标注位置或［多行(M)/文字(T)/角度(A)/部分(P)］<默认>:(指定弧长标注位置或选择其他选项)

该命令中各选项含义如下:

①指定弧长标注位置:指定尺寸线的位置并确定尺寸界线的方向。

②多行文字:显示在位文字编辑器,可用它来编辑标注文字。

③文字:在命令提示下自定义标注文字,生成的标注测量值显示在尖括号中。

④角度:修改标注文字的角度。

⑤部分:缩短弧长标注的长度。

弧长标注效果如图5.25所示。

图5.25 弧长标注

5.2.7 坐标标注

(1)功能

该命令用于测量原点(亦称为基准点)到特征点(例如部件上的一个孔)的垂直距离。这些标注通过保持特征与基准点之间的精确偏移量,来避免误差增大。坐标标注由 X 或 Y 值和引线组成。X 基准坐标标注沿 X 轴测量特征点与基准点的距离。Y 基准坐标标注沿 Y 轴测量距离。

(2)命令调用

用户可通过以下方式之一进行坐标标注:

①依次选择"标注"→"坐标"命令。

②单击"标注"工具栏上的按钮 。

(3)操作示例

启动命令后,AutoCAD 2020 命令行提示如下:

命令:_dimordinate
指定点坐标:(选择要标注的点)
指定引线端点或［X 基准(X)/Y 基准(Y)/多行文字(M)/文字(T)/角度(A)］:

该命令中各选项含义如下:

①指定引线端点:确定引线端点,若标注点和引线端点的 X 坐标之差大于两点的 Y 坐标之差,则生成 X 坐标,否则生成 Y 坐标。

②X 基准、Y 基准:标注 X 坐标或标注 Y 坐标。

指定引线端点时,若相对于标注点上下移动鼠标,则标注点的 X 坐标;若左右移动鼠标,则标注 Y 坐标。

5.2.8 半径标注

(1)功能

该命令用于圆弧或圆的半径,同时,标注文字显示半径符号"R"。

（2）命令调用

用户可通过以下方式之一进行半径标注：

①依次选择"标注"→"半径"命令。

②单击"标注"工具栏上的按钮 。

（3）操作示例

启动命令后，AutoCAD 2020 命令行提示如下：

命令：_dimradius
选择圆弧或圆：(选择要标注的圆弧或圆)
标注文字 = 15(所标注的圆弧或圆的半径测量值)
指定尺寸线位置或 [多行文字(M)/文字(T)/角度(A)]：(选定尺寸线的位置或选择其他选项)

5.2.9 直径标注

（1）功能

该命令用于圆弧或圆的直径，同时，标注文字显示直径符号"φ"。

（2）命令调用

用户可通过以下方式之一进行直径标注：

①依次选择"标注"→"直径"命令。

②单击"标注"工具栏上的按钮 。

（3）操作示例

启动命令后，AutoCAD 2020 命令行提示如下：

命令：_dimdiameter
选择圆弧或圆：(选择要标注的圆弧或圆)
标注文字 = 30(所标注的圆弧或圆的直径测量值)
指定尺寸线位置或 [多行文字(M)/文字(T)/角度(A)]：(选定尺寸线的位置或选择其他选项)

5.2.10 角度标注

（1）功能

该命令用于测量两条直线或三个点之间的角度，如图 5.26 所示。

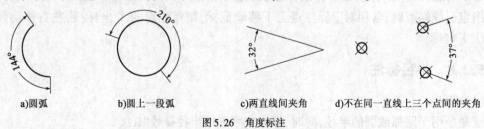

a)圆弧　　　　　b)圆上一段弧　　　　c)两直线间夹角　　d)不在同一直线上三个点间的夹角

图 5.26 角度标注

（2）命令调用

用户可通过以下方式之一进行角度标注：

①依次选择"标注"→"角度"命令。

②单击"标注"工具栏上的按钮◿。

（3）操作示例

启动命令后，AutoCAD 2020 命令行提示如下：

命令：_dimangular
选择圆弧、圆、直线或＜指定顶点＞：（选择要标注的圆弧、圆、直线或按[Enter]键选择顶点）

①若选择圆弧，命令行提示如下：

指定标注弧线位置或［多行文字（M）/文字（T）/角度（A）/象限点（Q）］：（选择标注弧线的位置或选择其他选项）

②若选择圆，命令行提示如下：

指定角的第二个端点：（选择圆上的一点）
指定标注弧线位置或［多行文字（M）/文字（T）/角度（A）/象限点（Q）］：（选择标注弧线的位置或选择其他选项）

③若选择直线，命令行提示如下：

选择第二条直线：（选择要标注角度的另外一条直线）
指定标注弧线位置或［多行文字（M）/文字（T）/角度（A）/象限点（Q）］：（选择标注弧线的位置或选择其他选项）

④若按［Enter］键选择顶点，命令行提示如下：

指定角的顶点：（指定一点作为角的顶点）
指定角的第一个端点：（指定角的第一个端点）
指定角的第二个端点：（指定角的第二个端点）
指定标注弧线位置或［多行文字（M）/文字（T）/角度（A）/象限点（Q）］：（选择标注弧线的位置或选择其他选项）

5.2.11 折弯标注

（1）功能

圆弧或圆的中心位于布局外部，且无法在其实际位置显示时，通过折弯标注命令可创建折弯半径标注，亦称为"缩放的半径标注"，从而使用户在更方便的位置指定标注的原点（称为中心位置替代），如图 5.27 所示。

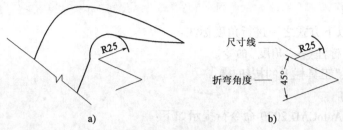

图5.27　折弯标注

（2）命令调用

用户可通过以下方式之一进行折弯标注：

①依次选择"标注"→"折弯"命令。

②单击"标注"工具栏上的按钮 。

（3）操作示例

启动命令后，AutoCAD 2020命令行提示如下：

命令：_dimjogged

选择圆弧或圆：（选择要标注的圆弧或圆）

指定图示中心位置：（选择标注的原点位置）

标注文字 = 5（显示所标注的圆弧或圆的半径测量值）

指定尺寸线位置或[多行文字(M)/文字(T)/角度(A)]：（确定尺寸线位置或选择其他选项）

指定折弯位置：（确定标注折弯位置的另一个点）

折弯标注的折弯角度可在"标注样式管理器"对话框中设置。

5.2.12　引线标注和多重引线标注

1）功能

引线标注是由带箭头的引线和注释文字组成的标注，用于标注一些注释、说明等内容。多重引线命令比引线命令增加了更多的控制选项，该命令可使用户根据需要先创建引线箭头、引线基线或引线内容。当然，不少用户习惯于引线标注，因此，下面分别解释两种命令的使用。

2）命令调用

用户可通过以下方式之一进行引线标注：

①依次选择"标注"→"多重引线"命令。

②在命令行中键入"QLEADER"，然后按[Enter]键执行命令。

③在命令行中键入"MLEADER"，然后按[Enter]键执行命令。

3）操作示例Ⅰ——引线标注

启动命令后，AutoCAD 2020命令行提示如下：

命令：_qleader

指定第一个引线点或[设置(S)]<设置>：（指定第一个引线点或选择"设置"，若选择"设置"，将弹出"引线设置"对话框，用户可设置引线格式，如图5.29所示）

"引线设置"对话框包括"注释""引线和箭头"以及"附着"三个选项卡。

(1)"注释"选项卡

用于注释类型和格式,如图5.28所示。

图5.28 "注释"选项卡

①注释类型:用于设置注释的类型。

a.多行文字:创建多行文字注释。

注释类型为"多行文字"时,AutoCAD 2020命令行提示如下:

指定文字宽度 <0>:(确定文字宽度)

输入注释文字的第一行 <多行文字(M)>:(输入第一行文字)

输入注释文字的下一行:(继续输入下一行文字,按[Enter]键结束输入)

b.复制对象:用于从图形的其他部分复制文字、图块或公差等对象。

注释类型为"复制对象"时,AutoCAD 2020命令行提示如下:

选择要复制的对象:(选择要复制的文字对象、块参照或公差对象)

c.公差:显示"形位公差"对话框,用于创建将要附着到引线上的特征控制框。

d.块参照:提示插入一个块参照。块参照将插入到自引线末端的某一偏移位置,并与该引线相关联,这意味着如果块移动,引线末端也将随之移动。

注释类型为"块参照"时,AutoCAD 2020命令行提示如下:

输入块名或 [?]:(输入图块的名称)

指定插入点或 [基点(B)/比例(S)/X/Y/Z/旋转(R)/预览比例(PS)/PX/PY/PZ/预览旋转(PR)]:(指定块插入点或输入选项)

e.无:创建无注释的引线。

注释类型为"无"时,AutoCAD 2020将在画出引线后结束命令。

②多行文字选项:用于设置多行文字,只有在选定了多行文字注释类型时该选项才可用。

a.提示输入宽度:提示指定多行文字注释的宽度。

b.始终左对正:无论引线位于何处,多行文字注释都将靠左对齐。

c.文字边框:在多行文字注释周围放置边框。

③重复使用注释:用于设置重新使用引线注释的选项。

a.无:不重复使用引线注释。

b.重复使用下一个:重复使用为后续引线创建的下一个注释。

c.重复使用当前:重复使用当前注释。选择"重复使用下一个"单选按钮之后,重复使用注释时将自动选择此单选按钮。

(2)"引线和箭头"选项卡

用于设置引线和箭头的格式,如图5.29所示。

①引线:用于设置引线格式。

a.直线:在指定点之间创建直线段。

b.样条曲线:用指定的引线点作为控制点创建样条曲线对象。

②箭头:用于定义引线箭头。箭头还可用于尺寸线(DIMSTYLE 命令)。如果选择"用户箭头"选项,将显示图形中的块列表。

③点数:设置引线的点数,在输入引线注释之前,将提示指定这些点。如果将这些选项设定为"无限制",则一起提示指定引线点,直至用户按[Enter]键。

④角度约束:用于设置第一条与第二条引线的角度约束。

(3)"附着"选项卡

用于设置引线和多行文字注释的附着位置。只有在"注释"选项卡上选定了"多行文字"时,该选项卡才可用,如图5.30所示。

图5.29 "引线和箭头"选项卡　　　　图5.30 "附着"选项卡

①多行文字附着。

a.第一行顶部:将引线附着到多行文字的第一行顶部。

b.第一行中间:将引线附着到多行文字的第一行中间。

c.多行文字中间:将引线附着到多行文字的中间。

d.最后一行中间:将引线附着到多行文字的最后一行中间。

e.最后一行底部:将引线附着到多行文字的最后一行底部。

②最后一行加下划线:给多行文字的最后一行加下划线。

退出"引线设置"对话框后,将继续进行引线标注。命令行提示如下:

指定第一个引线点或 [设置(S)] <设置>:(指定第一个引线点)
指定下一点:(指定引线的下一个端点)
指定下一点:(继续指定引线端点,端点数在"引线设置"对话框中设置,若为"无限制",则按[Enter]键结束指定)

4)操作示例Ⅱ——多重引线标注
启动命令后,AutoCAD 2020 命令行提示如下:

命令:_mleader
指定引线箭头的位置或 [引线基线优先(L)/内容优先(C)/选项(O)] <选项>:(指定引线箭头的位置或选择其他选项)

(1)指定引线箭头的位置
即指定多重引线对象箭头的位置,命令行提示如下:

指定引线基线的位置:(设置新的多重引线对象的引线基线位置,如果此时退出命令,则不会有与多重引线相关联的文字)

(2)引线基线优先
即指定多重引线对象的基线位置,命令行提示如下:

指定引线箭头的位置或 [引线箭头优先(H)/内容优先(C)/选项(O)] <选项>:(指定引线箭头的位置或选择其他选项)

(3)内容优先
即指定多重引线对象相关联的文字或块的位置,命令行提示如下:

指定文字的第一个角点或 [引线箭头优先(H)/引线基线优先(L)/选项(O)] <选项>:(指定文本框的第一个角点或选择其他选项)
指定对角点:(指定文本框的对角点,确定文本框位置,输入文字)
指定引线箭头的位置:

(4)选项
即指定用于放置多重引线对象的选项,命令行提示如下:

输入选项 [引线类型(L)/引线基线(A)/内容类型(C)/最大节点数(M)/第一个角度(F)/第二个角度(S)/退出选项(X)] <退出选项>:(指定要选择的选项)

该命令中各选项含义如下：

①引线类型：指定引线类型为直线、样条曲线或无引线。

②引线基线：更改水平基线的距离，如果选择"否"，则不会有与多重引线对象相关联的基线。

③内容类型：指定要用于多重引线的内容类型，包括"块""多行文字"和"无"三个选项。

④最大节点数：用于指定新引线的最大点数。

⑤第一个角度：用于设置约束新引线的第一个角度。

⑥第二个角度：用于设置约束新引线的第二个角度。

5.2.13 公差标注

1)功能

公差用于表示特征的形状、轮廓、方向、位置和跳动的允许偏差。公差的组成要素如图5.31所示。

图5.31　公差的组成要素

2)命令调用

用户可通过以下方式之一进行公差标注：

①依次选择"标注"→"公差"命令。

②单击"标注"工具栏上的按钮 [ ] 。

3)操作示例

启动命令后，AutoCAD 2020将弹出"形位公差"对话框，如图5.32所示。

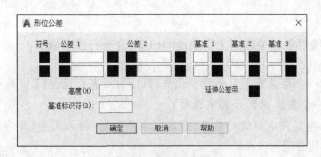

图5.32　"形位公差"对话框

(1)符号

单击该项中的一个 ■ 框，将弹出"特征符号"对话框，可以从中选择几何特征符号，如图5.33所示。

(2)公差1和公差2

创建特征控制框中的公差值。公差值指明了几何特征相对于精确形状的允许偏差量。单击前面的■框可在公差值前插入直径符号,单击后面的■框将弹出"附加符号"对话框,可在公差值后面插入包容条件符号。"附加符号"对话框如图5.34所示。

（3）基准1、基准2及基准3

在特征控制框中创建基准参照,基准参照由值和修饰符号组成。基准是理论上精确的几何参照,用于建立特征的公差带。

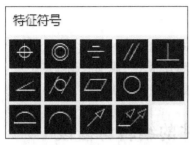

图5.33 "特征符号"对话框　　　　图5.34 "附加符号"对话框

（4）高度

用于创建特征控制框中的投影公差零值。投影公差带控制固定垂直部分延伸区的高度变化,并以位置公差控制公差精度。

（5）延伸公差带

用于在延伸公差带值的后面插入延伸公差带符号。

（6）基准标识符

用于创建由参照字母组成的基准标识符。基准是理论上精确的几何参照,用于建立其他特征的位置和公差带。点、直线、平面、圆柱或者其他几何图形都能作为基准。

5.2.14　快速标注

（1）功能

该命令用于创建一系列的基线标注、连续标注、并列标注、坐标标注、半径标注和直径标注等。

（2）命令调用

用户可通过以下方式之一进行快速标注:

①依次选择"标注"→"快速标注"命令。

②单击"标注"工具栏上的按钮 📷 。

（3）操作示例

启动命令后,AutoCAD 2020命令行提示如下:

```
命令:_qdim
关联标注优先级 = 端点
选择要标注的几何图形:(选择要快速标注的对象)
选择要标注的几何图形:(可继续选择,按[Enter]键结束)
指定尺寸线位置或 [连续(C)/并列(S)/基线(B)/坐标(O)/半径(R)/直径(D)/基准
点(P)/编辑(E)/设置(T)] <连续>:
```

各选项的含义如下：

①连续：创建一系列连续标注。

②并列：创建一系列并列标注。

③基线：创建一系列基线标注。

④坐标：创建一系列坐标标注。

⑤半径：创建一系列半径标注。

⑥直径：创建一系列直径标注。

⑦基准点：为基线标注和坐标标注设定新的基准点。

⑧编辑：编辑一系列标注。将提示用户在现有标注中添加或删除点。

⑨设置：为指定尺寸界线原点设置默认对象捕捉。

5.3 尺寸标注的编辑与修改

对于已经完成标注的尺寸，难免需要进行编辑和修改。本节主要介绍尺寸标注的编辑命令，它们用于修改尺寸标注的文字、位置和样式等内容。

5.3.1 编辑标注

（1）功能

编辑标注用于编辑标注对象上的标注文字和尺寸界线。

（2）命令调用

用户可通过以下方式之一进行编辑标注：

①单击"标注"工具栏上的按钮 🖉 。

②在命令行中键入"DIMEDIT"，然后按[Enter]键执行命令。

（3）操作示例

启动命令后，AutoCAD 2020 命令行提示如下：

命令：_dimedit
输入标注编辑类型［默认(H)/新建(N)/旋转(R)/倾斜(O)］＜默认＞：(选择选项)

各选项的含义如下：

①默认：将标注文字按标注样式设置的位置和方向放置。

②新建：弹出"文字格式编辑器"选项卡，重新输入标注文字。

③旋转：按设置的角度值旋转标注文字。

④倾斜：使线性标注的尺寸界线按指定的角度倾斜，如图 5.35 所示。

a)原标注　　　　　b)旋转120度　　　　　c)倾斜70度

图 5.35　旋转和倾斜

5.3.2 编辑标注文字

(1)功能

用于修改标注文字的位置和角度。

(2)命令调用

用户可通过以下方式之一进行编辑标注文字：

①单击"标注"工具栏上的按钮 🄰。

②在命令行中键入"DIMTEDIT"，然后按[Enter]键执行命令。

(3)操作示例

启动命令后，AutoCAD 2020 命令行提示如下：

命令:_dimtedit

选择标注:(选择要编辑的标注)

为标注文字指定新位置或 [左对齐(L)/右对齐(R)/居中(C)/默认(H)/角度(A)]:(指定位置或选择其他选项)

各选项的含义如下：

①为标注文字指定新位置：拖曳时动态更新标注文字的位置。

②左对齐、右对齐和居中：沿尺寸线左对正、右对正或中心对正标注文字，此选项只适用于线性、半径和直径标注。

③默认：将标注文字移回默认位置。

④角度：使标注文字按指定的角度旋转。

5.3.3 替代

(1)功能

用于替代选定标注的指定标注系统变量，或清除选定标注对象的替代，从而返回到由其标注样式定义的设置。

(2)命令调用

用户可通过以下方式之一执行"替代"命令：

①依次选择"标注"→"替代"命令。

②在命令行中键入"DIMOVERRIDE"，然后按[Enter]键执行命令。

(3)操作示例

启动命令后，AutoCAD 2020 命令行提示如下：

命令:_dimoverride

输入要替代的标注变量名或 [清除替代(C)]:dimdsep(键入要重新设置的变量名或选择"清除替代"选项，键入 dimdsep，改变千位数分隔符)

输入标注变量的新值 < , >:?(键入变量的新值，例如当前为" , "，此处输入"?")

输入要替代的标注变量名:(可继续设置变量,按[Enter]键结束)
选择对象:找到 1 个(选择要修改变量的标注)
选择对象:(可继续选择,按[Enter]键结束)

修改小数分隔符的效果如图 5.36 所示。

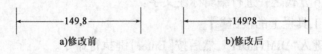

a)修改前   b)修改后

图 5.36   使用"替代"命令修改小数分隔符

5.3.4 标注的更新

(1)功能
可以将标注系统变量保存或恢复到选定的标注样式。
(2)命令调用
用户可通过以下方式之一进行标注的更新:
①依次选择"标注"→"更新"命令。
②单击"标注"工具栏上的按钮 回 。
(3)操作示例
启动命令后,AutoCAD 2020 命令行提示如下:

命令:_dimstyle
当前标注样式:ISO-25   注释性:否
输入标注样式选项[注释性(AN)/保存(S)/恢复(R)/状态(ST)/变量(V)/应用
(A)/?]<恢复>:

各选项的含义如下。
①注释性:创建注释性标注样式。
②保存:将标注系统变量的当前设置保存到标注样式中。
③恢复:将标注系统变量设置恢复为选定标注样式的设置。
④状态:显示所有标注系统变量的当前值。
⑤应用:将当前尺寸标注系统变量设置应用到选定标注对象,永久替代应用于这些对象的任何现有标注样式。
⑥?:列出当前图形中的命名标注样式。

5.3.5 重新关联标注

(1)功能
标注可以是关联的、无关联的或分解的。关联标注根据所测量的几何对象的变化进行调整。标注关联性定义几何对象和为其提供距离和角度的标注间的关系。几何对象和标注之间有三种关联性,分别为关联标注、非关联标注和已分解标注。其中,关联标注是指,当与其关联的几何对象被修改时,关联标注将自动调整其位置、方向和测量值。

用户可在"选项"对话框的"用户系统配置"选项卡中设置是否使新标注可关联。

(2)命令调用

用户可通过以下方式之一重新关联标注:

①依次选择"标注"→"重新关联标注"命令。

②在命令行中键入"DIMREASSOCIATE",然后按[Enter]键执行命令。

(3)操作示例

启动命令后,AutoCAD 2020 命令行提示如下:

命令:_dimreassociate
选择要重新关联的标注…
选择对象或［解除关联(D)］:找到 1 个(选择要重新关联的标注)
选择对象或［解除关联(D)］:(可继续选择,或按[Enter]键结束)
指定第一条尺寸界线原点或［选择对象(S)］<下一个>:(指定对象捕捉位置或按[Enter]键跳至下一个提示)
指定第二条尺寸界线原点 <下一个>:(指定对象捕捉位置或按[Enter]键跳至下一个标注对象)

将图 5.37 中的线段 AB 的标注重新关联到线段 CD 上。

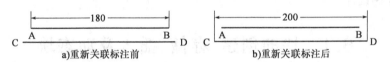

a)重新关联标注前　　　　　b)重新关联标注后

图 5.37　重新关联标注

第6章

块、外部参照及设计中心

在 AutoCAD 2020 绘图过程中,遇到复杂、重复出现的图形时(例如,螺丝、栏杆、楼梯等),若每次都重复绘制这些图形将大大降低工作效率。为提高绘图效率,AutoCAD 2020 为用户提供了块的编辑。块是一个或多个关联的对象,用于创建单个对象。通过"块"的定义和使用,用户在绘制建筑施工图或其他图形中重复使用对象,并能以用户需要的任意比例和旋转角度等插入至图中任意位置。

外部参照则是将已有的其他图形链接到当前图形中。与插入"外部块"的区别在于:插入"外部块"是将块的图形数据全部插入当前图形中;而外部参照只记录参照图形位置等链接信息,并不插入该参照图形的图形数据。

通过设计中心,用户可以建立自己的个性化图库,亦可以利用他人提供的强大资源快速、便捷地进行绘图设计。

6.1 块的创建、存储、插入及动态块

块可以是绘制在几个图层上的不同颜色、线型和线宽特性的对象的组合。尽管块总是在当前图层上,但块参照保存了有关包含在该块中的对象的原图层、颜色和线型特性等信息,用户还可以控制块中的对象是保留其原特性还是继承当前的图层、颜色、线型或线宽设置。

块定义还可以包含用于向块中添加动态行为的元素,可在块编辑器中将这些元素添加至块中,并且为几何图形增添了灵活性。

6.1.1 块的创建

(1)功能

块是一个或多个关联的对象。通过"块",用户在绘制图样时可重复使用对象,并以用户需要的比例和旋转角度插入至图中任意位置。

(2)命令调用

单击功能区"插入"选项卡→"块定义"面板→"创建块"按钮 。

(3)操作示例

根据上述方法执行创建块命令,系统将弹出如图 6.1 所示的"块定义"对话框。该对话框

中各选项含义如下：

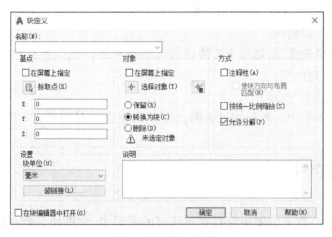

图6.1 "块定义"对话框

①名称：用于键入新建块的名称。

②基点：用于选择插入块的基点坐标值。默认值为(0,0,0)。用户可单击按钮 <kbd> (拾取点)，将画面切换至绘图屏幕，单击一点作为图块基点；也可以在下面的 X、Y、Z 文本框中根据需要定义块的基点坐标值。通常，基点位置选在块的对称中心、左下角或其他有特征的位置。

③对象：用于选择制作图块的对象以及对象的相关属性。单击按钮 <kbd> (选择对象)，可切换至绘图窗口，根据需要框选要组成块的对象；单击按钮 <kbd> (快速选择)，可使用弹出的"快速选择"对话框设置所选对象的过滤条件；选择"保留"单选按钮，表示创建块后仍在绘图窗口上保留组成块的原始对象；选择"转换为块"单选按钮，表示创建块后在绘图窗口上保留组成块的原始对象并将其也转换成块；选择"删除"单选按钮，表示创建块后在绘图窗口上不再保留组成块的原始对象。

④方式：用于设置块是否具有"注释性"，且块是否"按统一比例缩放"和是否"允许分解"等属性。

⑤设置：用于设置"块单位"。"超链接"按钮用于将图块超链接至其他对象。

⑥说明：该文本框用于键入当前块的设计说明部分，并显示在设计中心中。

⑦在块编辑器中打开：选择该复选框，可将块设置为动态块，并在块编辑器中打开。

完成创建块的设置后，单击"确定"按钮，结束操作。

（4）创建块

利用块定义功能将如图6.2所示的建筑图形"门连窗"创建为块。具体步骤如下：

①单击"插入"选项卡的"块定义"面板中的"创建块"按钮，弹出"块定义"对话框。

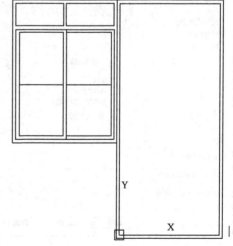

图6.2 定义块——门连窗

②在"名称"文本框中键入新图块的名称:门连窗。

③单击按钮 ▣(拾取点),在绘图画面上单击图形右下角的 I 点作为插入点的坐标点,系统将切换至"块定义"对话框。

④选择"保留"单选按钮,然后单击按钮 ✛(选择对象),框选所有对象并按[Enter]键继续,返回至"块定义"对话框。

⑤设置"块单位"为"毫米"。

⑥在"说明"文本框中对图形加以说明,键入"门连窗",最后单击"确定"按钮,完成块的创建。

6.1.2　块的存储

1)功能

通过 BLOCK 命令定义的图块保存在其所属的图形中,该图块只能在该图形中插入。但是在有些图形中也可能用于同样的图块,此时就需要使用 AutoCAD 2020 提供的 WBLOCK 命令将图块以图形文件的形式(扩展名为".dwg")写入磁盘。

2)命令调用

①单击功能区"插入"选项卡→"块定义"面板→"创建块"下拉按钮→"写块"按钮 。

②从现有的块定义创建新图形文件。

③在命令行中键入"WBLOCK",然后按[Enter]键执行命令。

3)操作示例

(1)由选定的对象创建新图形文件

根据上述方法执行"写块"命令,AutoCAD 2020 将弹出如图 6.3 所示的"写块"对话框。该对话框中各选项含义如下:

①源:用于设置图形文件的对象来源是图块还是图形对象。选择"块"单选按钮,可从右侧的下拉列表中选择一个图块,并保存为图形文件;选择"整个图形"单选按钮,可以将当前的整个图形保存为图形文件;选择"对象"单选按钮,可将不属于图块的图形保存为图形文件。对象的选择可使用"对象"选项区来设置,方法类似于"块定义"。

②目标:用于指定以图形文件形式存在的块的名称、保存路径和插入单位等,单击其右侧的按钮可浏览图形。

完成块的设置后,单击"确定"按钮,结束操作。

(2)从现有的块定义创建新图形文件

①打开如图 6.1 所示的"块定义"对话框。

②在"名称"下拉列表中选择要修改的块,然后选中将其删除,键入新的名称。

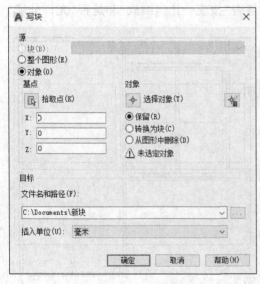

图 6.3　"写块"对话框

③在"说明"文本框中键入或修改新图形文件的说明。

④单击"确定"按钮,结束操作。

6.1.3 块的插入

(1)功能

绘图过程中,用户可根据需要随时将定义好的块或图形文件插入至当前图形的任意位置。插入块后也就创建了块参照。在插入的同时可改变所插入块或图形的位置、比例因子和旋转角度,还能用不同的 X、Y、Z 值指定其比例。

(2)命令调用

单击功能区"插入"选项卡→"块"面板→"插入"下拉按钮 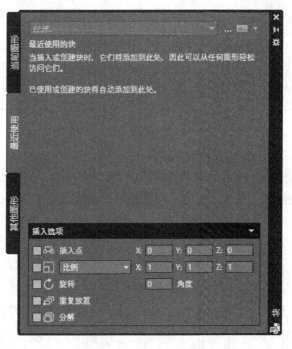,从而展开"最近使用的块…"和"其他图形中的块…"等菜单项。

(3)操作示例

根据上述方法执行"最近使用的块…"命令后,AutoCAD 2020 系统将弹出如图 6.4 所示的"块"选项板,其中包含"当前图形""最近使用"及"其他图形"三个选项卡,每个选项卡都包含多个插入选项,各选项含义如下:

图 6.4 "块"选项板

①插入点:指定与导入块基点重合的插入点。可在屏幕上指定一点,也可通过 X、Y、Z 值来键入一点的坐标值。

②比例:插入块在当前图形中的比例大小。可在屏幕上指定比例,也可通过 X、Y、Z 值来指定比例。"统一比例"下拉列表项则用于确定 X、Y、Z 方向上的比例值是否相等。

③旋转:指定插入块时的旋转角度。可以在屏幕上指定一个角度(在屏幕上拾取一点与

AutoCAD 2020 自动测量插入点之间的边线与 X 轴正方向之间的夹角）；也可以在"角度"文本框中键入角度值，角度值可为正数（表示沿逆时针方向旋转），亦可为负数（表示沿顺时针方向旋转）。

④重复放置：于不同位置重复插入所选块。

⑤分解：选择该复选框，表示在插入块的同时将其分解，插入到图形中的块不再作为一个整体，而是作为单个对象单独出现，并可分别对它们进行编辑。

完成插入块的设置后，单击"确定"按钮，结束操作。

若用户选择"其他图形中的块…"命令，AutoCAD 2020 将弹出"选择图形文件"对话框，如图 6.5 所示，用户可从中选择需要的块或图形文件。

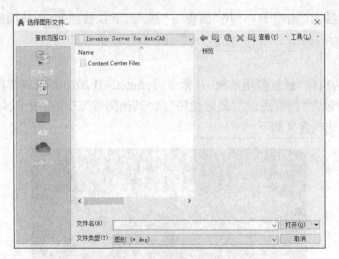

图 6.5 "选择图形文件"对话框

图 6.6 所示为按不同比例插入的"窗立面"块。

图 6.7 所示为按不同旋转角度插入的"马桶"块。图 6.7a) 表示将图逆时针旋转 45°；图 6.7b) 表示旋转角度为 0°；图 6.7c) 表示将图顺时针旋转 45°。

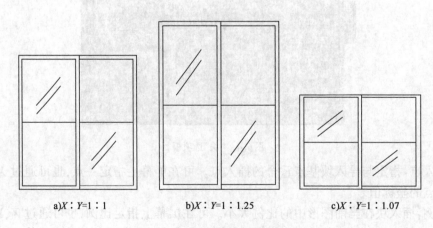

a)$X : Y$=1 : 1　　　　b)$X : Y$=1 : 1.25　　　　c)$X : Y$=1 : 1.07

图 6.6 按不同比例插入的"窗立面"块

a)旋转45°　　　　　　　　　b)旋转0°　　　　　　　　　　c)旋转-45°

图6.7　按不同旋转角度插入的"马桶"块

6.1.4　动态块

1）功能

动态块具有灵活性和智能性。用户在操作时可以轻松地更改图形中的动态块参照,亦可以通过自定义夹点或自定义特性来操作动态块参照的几何图形。这使得用户可以根据需要调整块,不用搜索另一个块以插入或重定义现有的块。

例如,如果在建筑立面图中插入一个立面窗块参照,编辑图形时可能需要修改窗的大小。如果该块为动态块,并且定义为可调整大小的,那么只需要拖动自定义夹点或在"特性"选项板中指定不同的大小就可以修改窗的大小,如图6.8所示。

可以使用块编辑器创建动态块。块编辑器是一个专门的编写区域,用于添加能够使块成为动态块的元素。用户可创建新块,也可以向现有的块定义中添加动态行为,还可以像在绘图区域中一样创建几何图形。

2）命令调用

依次单击功能区"插入"选项卡→"块定义"面板→"块编辑器"按钮 。

3）操作示例

根据上述方法执行命令后,AutoCAD 2020系统将弹出如图6.9所示的"编辑块定义"对话框。单击"编辑块定义"对话框的"确定"按钮后,将显示"块编写"选项板和"块编辑器"选项卡两大部分。

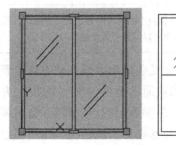

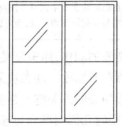

图6.8　修改窗的大小

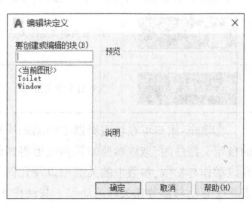

图6.9　"编辑块定义"对话框

(1)"块编写"选项板

①参数:用户可在块编辑器中向动态块定义中添加参数。在块编辑器中,外观与标注类似。参数可定义块的自定义特性,也可指定几何图形在块参照中的位置、距离和角度。向动态块定义添加参数后,参数将为块定义下一个或多个自定义特性。该选项卡也可通过命令 BPARAMETER 打开。各参数可参照表6.1。

"参数"选项卡

表6.1

参 数 类 型	效果(类似)	参 数 说 明
点	坐标标注	在图形中定义 X、Y 的位置
线性	对齐标注	可显示出两个固定点之间的距离,约束夹点沿预置角度的移动
极轴	对齐标注	可显示出两个固定点之间的距离并显示角度值,用户可以使用夹点和"特性"选项板来更改距离值和角度值
XY	线性标注	可显示出距参数基点的 X 距离和 Y 距离
旋转	显示为一个圆	可定义角度
对齐	对齐线	可定义 X 和 Y 位置以及一个角度。对齐参数总是应用于整个块,并且无须与任何动作相关联。对齐参数允许块参照自动围绕一个点旋转,以便与图形中的另一对象对齐。对齐参数会影响块参照的旋转特性
翻转	为一条投影线	翻转对象
可见性	为带有关联夹点的文字	可控制对象在块中的可见性。可见性参数总是应用于整个块,并且无须与任何动作相关联。在图形中单击夹点可以显示块参照中所有可见状态的列表
查寻	为带有关联夹点的文字	定义一个可以指定或设置为计算机用户定义的列表或表中值的自定义特性。该参数可以与单个查寻夹点相关联。在块参照中单击该夹点可以显示可用值的列表
基点	为带有十字光标的圆	在动态块参照中相对于该块中的几何图形定义一个基点。其无法与任何动作相关联,但可以归属于某个动作的选择集

②动作:用户可在块编辑器中向动态块定义添加动作,用于定义在图形中操作动态块参照的自定义特性时,该块参照的几何图形将如何移动或修改。动态块通常至少包含一个动作,并且该动作与参数、参数上的关键点以及几何图形相关联。关键点是参数上的点,编辑参数时该点将会驱动与参数相关联的动作。与动作相关联的几何图形称为选择集。此选项卡也可通过命令 BACTION 打开。各动作可参照表6.2。

"动作"选项卡 表6.2

动 作 类 型	相 关 参 数	类似动作	动 作 效 果
移动	点、线性、极轴、XY 参数	MOVE	使对象移动指定的距离和角度
缩放	线性、极轴、XY 参数	SCALE	使块的选择集进行缩放
拉伸	点、线性、极轴、XY 参数	STRETCH	使对象在指定的位置中移动和拉伸指定的距离
极轴拉伸	极轴参数		使对象旋转、移动和拉伸指定的角度和距离
旋转	旋转参数	ROTATE	使其相关联的对象进行旋转
翻转	翻转参数		使其相关联的选择集围绕一条称为投影线的轴翻转
阵列	线性、极轴、XY 参数		使其关联对象进行复制,并按照矩形样式阵列
查寻	查寻参数		创建查寻表,并可以将自定义特性和值指定给动态块
块特性表	块特性表		显示一个表,用于定义块定义的特性设置

③参数集:可以向动态块定义添加一般成对的数据和动作,相当于将前面讲述的块编写选项板上的"参数"和"动作"合二为一,一次完成。参数集中包含的动作将自动添加到块定义中,并与添加的参数相关联。向块中添加参数集的方法与添加参数所使用的方法相同。

首次向动态块定义添加参数集时,每个动作旁边都会显示一个黄色警告图标,表示用户需要将选择集与各个动作相关联。用户可双击黄色警示图标(或使用 BACTIONSET 命令),然后按照命令行上的提示将动作与选择集相关联。此选项卡也可以通过 BPARAMETER 命令打开。各参数集可参照表6.3。

"参数集"选项卡 表6.3

参 数 集	添加参数集后动态块的特征
点移动	同时具有带有一个夹点的点参数和关联移动动作
线性移动	同时具有带有一个夹点的线性参数和关联移动动作
线性拉伸	同时具有带有一个夹点的线性参数和关联拉伸动作

参　数　集	添加参数集后动态块的特征
线性阵列	同时具有带有一个夹点的线性参数和关联阵列动作
线性移动配对	同时具有带有两个夹点的线性参数和与每个夹点相关联的移动动作
线性拉伸配对	同时具有带有两个夹点的线性参数和与每个夹点相关联的拉伸动作
极轴移动	同时具有带有一个夹点的极轴参数和关联移动动作
极轴拉伸	同时具有带有一个夹点的极轴参数和关联拉伸动作
环形阵列	同时具有带有一个夹点的极轴参数和关联阵列动作
极轴移动配对	同时具有带有两个夹点的极轴参数和与每个夹点相关联的移动动作
极轴拉伸配对	同时具有带有两个夹点的极轴参数和与每个夹点相关联的拉伸动作
XY 移动	同时具有带有一个夹点的 XY 参数和关联移动动作
XY 移动配对	同时具有带有两个夹点的 XY 参数和与每个夹点相关联的移动动作
XY 移动方格集	同时具有带有四个夹点的 XY 参数和与每个夹点相关联的移动动作
XY 拉伸方格集	同时具有带有四个夹点的 XY 参数和与每个夹点相关联的拉伸动作
XY 阵列方格集	同时具有带有四个夹点的 XY 参数和与每个夹点相关联的阵列动作
旋转集	同时具有带有一个夹点的旋转参数和关联旋转动作
翻转集	同时具有带有一个夹点的翻转参数和关联翻转动作
可见性集	添加带有一个夹点的可见性参数。无须将任何动作与可见性参数相关联
查寻集	同时具有添加带有一个夹点的查寻参数和查寻动作

（2）"块编辑器"选项卡

该选项卡主要为用户提供了在块编辑器中使用的、用于创建动态块以及设置可见性状态等的工具。

6.2　块属性的编辑与管理

块属性是附属于块的非图形信息。块包括两方面的内容：图形对象和非图形信息。例如：下一个建筑立面中的门，在将该门定义为块的时候，也将该门的编号、尺寸、材质、价格及说明等文本信息一并加入至块当中。在通常情况下，属性用于在块的插入过程中进行自动注释。

6.2.1　块属性的定义

（1）功能

通过创建块的属性，可方便对块进行编辑、管理等操作。

（2）命令调用

单击功能区"插入"选项卡→"块定义"面板→"定义属性"按钮。

（3）操作示例

利用定义块属性，为图6.10a）所示的未定义为块的图形定义属性。其中，块名为"立面窗"，并且块中包括表6.4所示的属性。具体操作步骤如下：

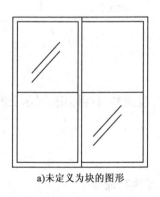

立面窗

a)未定义为块的图形　　　　　　b)显示属性标记的图形

图6.10　定义块的属性

①打开"属性定义"对话框，如图6.11所示。

②在"模式"选项区域中选择"预设"复选框。

③在"属性"选项区域中的"标记"文本框中键入"立面窗"，在"提示"文本框中键入"设计日期"，在"默认"文本框中键入"2020.1.1"。

④在"插入点"选项区域中选择"在屏幕上指定"复选框，然后在绘图画面中单击一点作为插入点的位置。

⑤在"文字设置"选项区域中的"对正"下拉列表中选择"中间",在"文字样式"下拉列表中选择默认格式,在"高度"文本框中键入"50",在"旋转"文本框中选择默认值。

⑥单击"确定"按钮,完成属性的定义,同时在图中的定义位置显示出概述性标记,如图6.10b)所示。

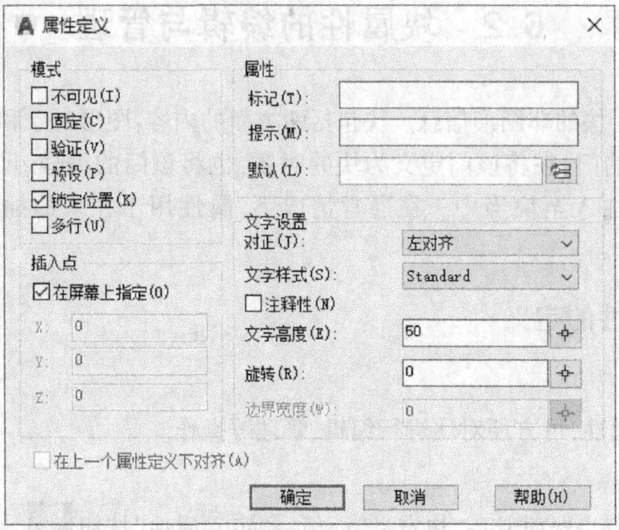

图6.11 "属性定义"对话框

块的属性信息 表6.4

属 性 标 记	属 性 提 示	属性默认值	模 式
立面窗	设计日期	2020.1.1	预设

6.2.2 块属性的修改

(1)功能

为块定义属性后,用户可进一步修改块的属性,包括其属性标记、提示及默认值。

(2)命令调用

用户可通过以下方式之一修改块属性:

①双击待修改的块。

②在命令行中键入"DDEDIT",然后按[Enter]键执行命令。

(3)操作示例

执行块的修改命令后,命令行提示如下:

```
命令:_ddedit
选择注释对象或[放弃(U)]:
```

在该提示下选择属性定义标记后,AutoCAD 2020将弹出"编辑块定义"对话框,如图6.12所示。利用该对话框可修改属性定义的标记、提示和默认。

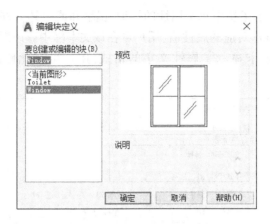

图6.12 "编辑块定义"对话框

6.2.3 块属性的编辑

(1)功能

当将带有属性的块插入到图形中后,用户还可对属性进行编辑。对属性的编辑分为两种,即使用一般属性编辑器和增强属性编辑器。

(2)命令调用

用户可通过以下方式之一编辑块属性:

①在命令行中键入"DDEDIT",然后按[Enter]键执行命令。

②在命令行中键入"EATTEDIT",然后按[Enter]键执行命令。

③单击功能区"插入"选项卡→"块"面板→"编辑属性"→"单个"按钮 。

④双击待修改的块。

(3)操作示例

执行"EATTEDIT"命令后,命令行提示如下:

命令:EATTEDIT
选择块:

在命令行的提示下选择待编辑的块,AutoCAD 2020 将弹出如图 6.13 所示的"增强属性编辑器"对话框,其中不仅可以编辑属性值,还可编辑属性的文字选项的图层、线型、颜色等特性值。

图6.13 "增强属性编辑器"对话框

①属性:该选项卡显示了块中每个属性的标记、提示和值。其下方的列表框中选择某一属性后,"值"文本框中将显示对应的属性值,用户可在该文本框中修改对应的属性值。

②文字选项:该选项卡显示了属性文字的格式,用户可在此修改属性文字的格式,如图6.14所示。

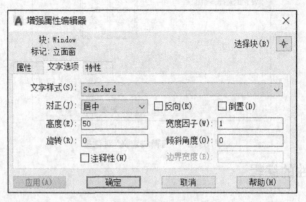

图6.14 "文字选项"选项卡

③特性:用于修改属性文字的图层,以及其线型、颜色、线宽及打印样式等,如图6.15所示。

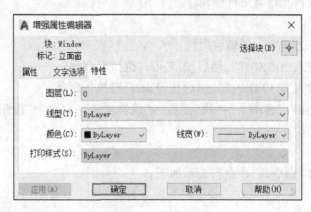

图6.15 "特性"选项卡

6.2.4 块属性管理器

(1)功能

通过块属性编辑器,可对已定义属性的块进行编辑。

(2)命令调用

用户可通过以下方式之一打开"块属性管理器":

①在命令行中键入"BATTMAN",然后按[Enter]键执行命令。

②单击功能区"插入"选项卡→"块定义"面板→"管理属性"按钮。

(3)操作示例

执行上述命令后,AutoCAD 2020将弹出如图6.16所示的"块属性管理器"对话框。其中各选项含义如下:

图 6.16 "块属性管理器"对话框

①"拾取"按钮:单击该按钮,画面切换至绘图窗口,光标变为拾取框,选择要操作的块即可。

②"块"下拉列表:包括当前图形中所有含有属性的块的名称,通过此下拉列表进行选择。

③属性列表:显示当前所选择块的所有属性,包括属性的标记、提示、默认和模式。

④"同步"按钮:更新已修改的属性特性实例。

⑤"上移"按钮:在属性列表中将选中的属性行向上移动一行。但对属性行是定值的行无效。

⑥"下移"按钮:在属性列表中将选中的属性行向下移动一行。

⑦"编辑"按钮:单击该按钮,弹出如图 6.17 所示的"编辑属性"对话框,利用该对话框可重新设置块属性定义的构成、文字特性和图形特性等。

⑧"删除"按钮:单击该按钮,可从块定义中删除在属性列表框中选中的属性定义,并且块中对应的属性值也将被删除。

⑨"设置"按钮:单击该按钮,将弹出如图 6.18 所示的"块属性设置"对话框。从中可设置能在"块属性管理器"对话框的属性列表中显示的文本内容。

图 6.17 "编辑属性"对话框   图 6.18 "块属性设置"对话框

完成块属性的设置后,单击"确定"按钮结束操作。

6.2.5 属性数据的提取

(1)功能

供用户从图形中提取属性信息,创建单独的文本文件,供数据库软件或 BOM 表使用。此功能用于使用已经键入图形数据库中的信息创建部件列表。提取属性信息不会对图形产生影响。

（2）命令调用

在命令行中键入"EATTEXT"，然后按［Enter］键执行命令。

（3）操作示例

执行"EATTEXT"命令后，将弹出如图6.19所示的"数据提取-开始"对话框，提取步骤如下：

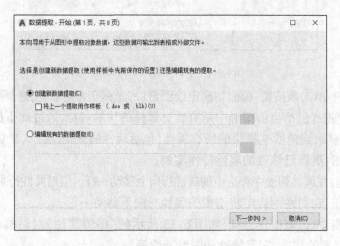

图6.19　"数据提取-开始"对话框

①单击该对话框中的"下一步"按钮，将数据提取保存，同时弹出如图6.20所示的"将数据提取另存为"对话框，用户在"文件名"中键入文件名，点击"保存"按钮后，将弹出如图6.21所示的"数据提取-定义数据源"对话框。

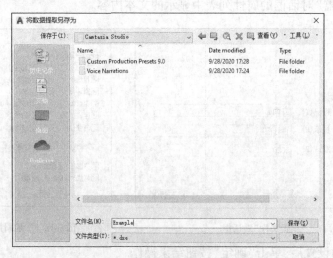

图6.20　"将数据提取另存为"对话框

②选择"在当前图形中选择对象"单选按钮，然后单击右侧的"拾取"按钮，画面切换至绘图窗口，根据命令行中的提示选择块，按［Enter］键后，返回至"数据提取-定义数据源"对话框，单击"下一步"按钮，弹出如图6.22所示的"数据提取-选择对象"对话框。

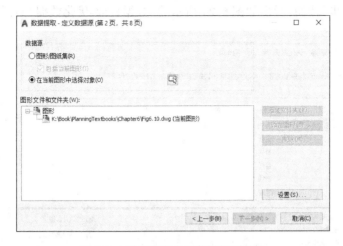

图 6.21 "数据提取-定义数据源"对话框

图 6.22 "数据提取-选择对象"对话框

③单击"下一步"按钮,弹出如图 6.23 所示的"数据提取-选择特性"对话框。

图 6.23 "数据提取-选择特性"对话框

④单击"下一步"按钮,弹出如图 6.24 所示的"数据提取-优化数据"对话框。

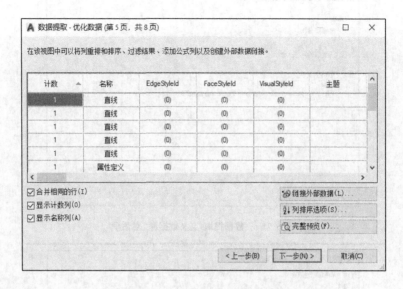

图 6.24　"数据提取-优化数据"对话框

⑤单击"下一步"按钮,弹出如图 6.25 所示的"数据提取-选择输出"对话框,从中选择"将数据提取处理表插入图形"复选框。

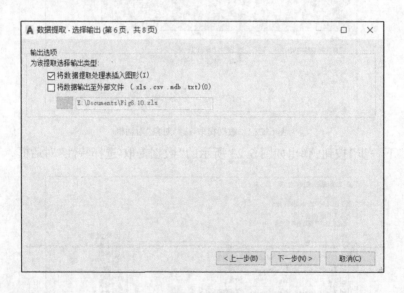

图 6.25　"数据提取-选择输出"对话框

⑥单击"下一步"按钮,弹出如图 6.26 所示的"数据提取-表格样式"对话框,设置表格样式、格式和结构等内容。

⑦单击"下一步"按钮,然后再单击"完成"按钮,在屏幕上的适当位置指定一点,所提取的BOM 表即可插入至屏幕中。

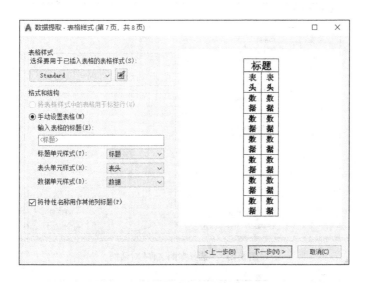

图 6.26 "数据提取-表格样式"对话框

6.3 外 部 参 照

外部参照是将已有的其他图形文件链接至当前图形中,并不真正嵌入当前图形中。外部参照具有以下优点:①参照图形一旦被修改,当前图形会自动更新参照图形;②由于外部参照的图形只链接至当前图形,所以不会显著增加图形文件大小,这对于参照图形很大的时候读写优势更为明显;③适合于多个用户的工作保持同步。当然,外部参照亦有缺点,例如:一旦参照图形的存储位置发生变化,主图形将出现错误提示。

6.3.1 外部参照的附着

(1)功能

将图形作为外部参照插入图形时,外部参照图形所作的修改都会显示在当前图形中。

(2)命令调用

用户可通过以下方式之一进行外部参照的附着:

①单击功能区"插入"选项卡→"参照"面板→"附着"按钮 。

②在命令行中键入"XATTACH",然后按[Enter]键执行命令。

(3)操作示例

执行上述命令后,AutoCAD 2020 将弹出如图 6.27 所示的"选择参照文件"对话框。

在该对话框中选择要附着的图形文件。选择需要的图形后,单击"打开"按钮,在屏幕上弹出如图 6.28 所示的"附着外部参照"对话框。该对话框中主要选项的含义如下:

①附着型:选择该复选框,表示外部参数为可嵌套,并显示出嵌套参数中的嵌套内容。

②覆盖型:选择该复选框,表示外部参数不嵌套,且不显示嵌套参数中的嵌套内容。

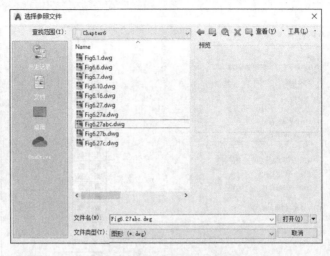

图 6.27 "选择参照文件"对话框

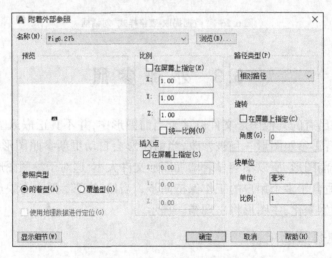

图 6.28 "附着外部参照"对话框

③完整路径:选择该选项时,外部参照的精确位置将保存于主图形中。该选项的精确度最高,但灵活性最小。如果工程文件夹被移动,AutoCAD 2020 将无法融入任何使用完整路径附着的外部参照。

④相对路径:表示将外部参照相对于主图形的位置作为保存路径。此选项灵活性最大。如果工程文件夹被移动,只要此外部参照相对于主图形的位置未发生变化,则 AutoCAD 2020 仍可融入任何使用相对路径附着的外部参照。

⑤无路径:该选项意味着 AutoCAD 2020 首先在主图形的文件夹中查找外部参照。当外部参照文件与主图形位于同一文件夹时,此选项非常有用。

例如,假设图形 B 附着于图形 A,接着将图形 A 又附着于或覆盖于图形 C。如果选择了"附着型"选项,则 B 图形最终也会嵌套于 C 图形中;如果选择了"覆盖型"选项,则 B 图形将不会嵌套于 C 图形中。最后效果如图 6.29 所示。

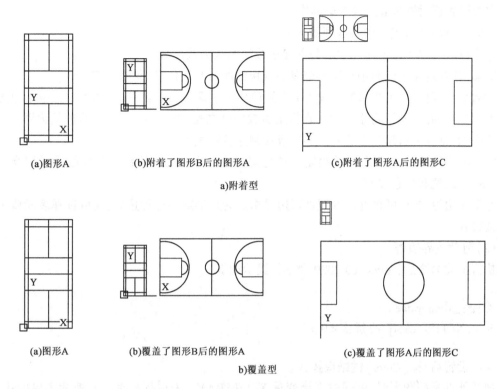

(a)图形A   (b)附着了图形B后的图形A   (c)附着了图形A后的图形C

a)附着型

(a)图形A   (b)覆盖了图形B后的图形A   (c)覆盖了图形A后的图形C

b)覆盖型

图6.29 "附着型"和"覆盖型"选项对照

6.3.2 外部参照的剪裁

1)功能

AutoCAD 2020为用户提供了将图形作为外部参照进行附着或插入块后,可定义剪裁边界的功能,以便仅显示外部参照或块的一部分。

2)命令调用

用户可通过以下方式之一进行外部参照的剪裁:

①依次单击功能区"插入"选项卡→"参照"面板→"剪裁"按钮。

②在命令行中键入"XCLIP",然后按[Enter]键执行命令。

③在命令行中键入"XCLIPFRAM",然后按[Enter]键执行命令。

3)操作示例

(1)剪裁外部参照

执行上述命令后,AutoCAD 2020命令行提示如下:

选择对象:(选择被参照图形)
选择对象:(继续选择被参照图形,或者按[Enter]键结束该命令行)
输入剪裁选项[开(ON)/关(OFF)/剪裁深度(C)/删除(D)/生成多段线(P)/新建边界(N)]<新建边界>:

完成设置后,按[Enter]键结束操作。

下面介绍命令行提示中各选项的含义:

①开(ON):在主图形中不显示外部参照或块的被剪裁部分。

②关(OFF):在主图形中显示外部参照或块的所有几何信息,忽略剪裁边界。

③剪裁深度(C):在外部参照或块上设置前剪裁平面和后剪裁平面,如果对象位于边界和指定深度定义的区域外,将不显示。在指定剪裁深度之前,外部参照必须包含剪裁边界。

④删除(D):表示为选定的外部参照或块删除剪裁边界。

⑤生成多段线(P):表示自动绘制一条与剪裁边界重合的多段线。此多段线采用当前的图层、线型、线宽和颜色设置。

⑥新建边界(N):可将外部参照剪裁边界指定为矩形或多边形边界,还可选择多段线来定义剪裁边界。

(2)剪裁边界边框

执行上述命令后,AutoCAD 2020 命令行提示如下:

命令:_xllcipframe
输入 XCLIPFRAME 的新值 < 0 > :

完成设置后,按[Enter]键结束操作。

剪裁外部参照图形时,可通过系统变量 XCLIPFRAME 来控制是否显示剪裁边界的边框。在"输入 XCLIPFRAME 的新值 < 0 > :"命令行中,当其值设置为 0 时,将不显示剪裁边框,如图 6.30a)所示;当其值设置为 1 时,将显示剪裁边框,并且该边框可作为对象的一部分进行选择和打印,如图 6.30b)所示。

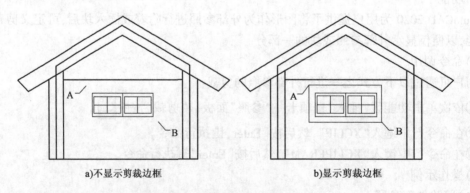

a)不显示剪裁边框　　　　　　　　　　　　　b)显示剪裁边框

图6.30　不显示剪裁边框与显示剪裁边框

6.3.3　外部参照的绑定

(1)功能

若将外部参照绑定到当前图形,则外部参照及其依赖命名对象将成为当前图形的固有部分,不再是外部参照文件。外部参照依赖命名对象的命名语法从"块名|定义名"变为"块名

"n定义名"。在此情况下,将为绑定到当前图形中的所有外部参照的相关命名对象(块、标注样式、图层、线型和文字样式)创建唯一的命名对象。

将外部参照绑定至图形中有助于将图形发送给审阅者。用户可使用"绑定"选项将外部参照合并到主图形中,而不必单独发送主图形及其参照图形。例如,若有一名称为"台阶"的外部参照,它包含一个图层名"number1",在绑定了外部参照后,依赖外部参照的图层"台阶|number1"将变成名为"台阶$n$number1"的本地定义图层。如果已经存在同名的本地命名对象,n中的n将自动增加。在此例中,若图形中已经存在"台阶2number1",依赖外部参照的图层"台阶|number1"将变为"台阶3number1"。

(2)命令调用

在命令行中键入"XBIND",然后按[Enter]键执行命令。

(3)操作示例

执行上述命令后,AutoCAD 2020将弹出如图6.31所示的"外部参照绑定"对话框,其主要功能选项含义如下:

①外部参照:用于显示所选择的外部参照。可将其展开,进一步显示该外部参照的各种设置定义名,如标注样式、图层、线型和文字样式等。

②绑定定义:用于显示被绑定外部参照的有关设置定义。

选择完毕后,单击"确定"按钮,退出对话框。系统将所有外部参照的相关命名对象(块、标注样式、图层、线型和文字样式)添加至用户图形。

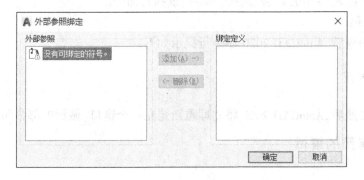

图6.31 "外部参照绑定"对话框

6.3.4 外部参照的管理

(1)功能

通过"外部参照"选项板,可对已经设置的外部参照进行查询、修改等操作。

(2)命令调用

在命令行中键入"XREF(或XR)",然后按[Enter]键执行命令。

(3)操作示例

执行上述命令后,AutoCAD 2020将弹出如图6.32所示"外部参照"选项板,右击参照名称,在弹出的如图6.33所示的快捷菜单中选择相应命令对外部参照的相关命名对象进行修改。

图 6.32　"外部参照"选项板　　图 6.33　"外部参照管理"快捷菜单命令

6.3.5　在单独的窗口中打开外部参照

(1)功能

在主图形中,可选择外部参照并打开参照图形,而无须使用"选择文件"对话框浏览该外部参照。

(2)命令调用

在命令行中键入"XOPEN",然后按[Enter]键执行命令。

(3)操作示例

执行上述命令后,AutoCAD 2020 命令行提示如下:

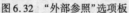

　选择外部参照:

选择外部参照后,AutoCAD 2020 将立即重新建立一个窗口,显示外部参照图形。

6.3.6　参照的编辑

1)功能

对于已经附着或绑定的外部参照,可通过参照编辑命令对其进行编辑。

2)命令调用

①依次单击功能区"插入"选项→"参照"面板→"编辑参照"按钮 ![编辑参照] 。

②在命令行中键入"REFEDIT",然后按[Enter]键执行命令。

③在位参照编辑期间,无选定对象的情况下,在绘图区域右击,然后选择"关闭 REFEDIT 任务"命令。

④在命令行中键入"REFCLOSE",然后按[Enter]键执行命令。

⑤在命令行中键入"REFSET",然后按[Enter]键执行命令。

3)操作示例

(1)在位参照编辑

执行上述命令后,在命令行提示下选择参照,AutoCAD 2020 将弹出如图 6.34 所示"参照

编辑"对话框,其中各选项功能如下:

①标识参照:为要编辑的参照提供形象化的辅助工具,并控制选择参照的方式。

②设置:为参照编辑提供选项,如图6.35所示。

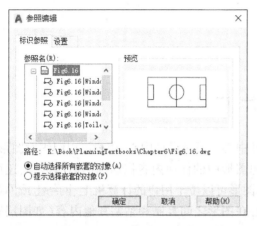

图6.34 "参照编辑"对话框　　　　　　　　　　图6.35 "设置"选项卡

以上述两个选项卡设置完成后,单击"确定"按钮,退出对话框,即可对所选的参照进行编辑。对某一个参照进行编辑后,该参照在其他图形中或同一图形其他插入位置的图形也同时改变。

(2)保存或放弃参照修改

在命令行中键入"REFCLOSE"后,AutoCAD 2020命令行提示如下:

输入选项 [保存参照修改(S)/放弃参照修改(D)] <保存参照修改>:

在命令行提示下,选择"保存参照修改"或"放弃参照修改"即可。在命令执行的过程中,将弹出如图6.36所示的警告提示框,用户可确认或取消操作。

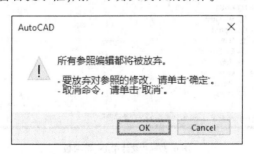

图6.36 "外部参照编辑"警告提示框

(3)添加或删除对象

在命令行中键入"REFSET",AutoCAD 2020命令行提示如下:

命令:_refset
在参照编辑工作集和宿主图形之间传输对象…

输入选项［添加(A)/删除(R)］＜添加＞:_add

选择对象:找到1个

选择对象:(按［Enter］键后结束对象的选择)

＊＊1个选定对象已在工作集中＊＊

按［Enter］键完成操作。

6.4　设　计　中　心

在 AutoCAD 2020 中,系统为用户提供了设计中心。通过设计中心,用户可以组织对图形、块、图案填充和其他图形内容的访问,可将上述源图形中的任何内容拖动到当前图形中,还可将图形、块和填充拖动到工具选项板上。上述源图形可以位于用户的计算机上、网络上或网站上。另外,如果打开了多个图形,可通过设计中心在图形之间复制和粘贴其他内容(如图层定义、布局和文字样式)来简化绘图过程。

6.4.1　启动设计中心

按［Ctrl + 2］组合键,也可在命令行中键入"ADCENTER"命令,AutoCAD 2020 将弹出如图 6.37 所示的"设计中心"选项板。

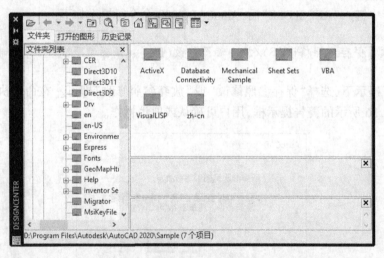

图 6.37　"设计中心"选项板

系统首次启动设计中心时,默认打开的选项卡为"文件夹",内容显示区以大图标显示了所有浏览资源的细目或内容,资源管理器的左边显示了系统的树形结构。用户可通过鼠标拖动边框来改变 AutoCAD 2020 设计中心资源管理器、内容显示区及绘图区的大小。

如果要改变设计中心的位置,可在设计中心的标题栏上用鼠标拖动它,松开鼠标后,设计中心便处于当前所定义的位置,移动至新位置后,仍可用鼠标改变各窗口的大小,也可通过设计中心边框左下角的"自动隐藏"按钮来隐藏设计中心。

6.4.2 设计中心选项板

在图6.37所示的"设计中心"选项板中,主要包括以下内容。

(1)"选项卡"区域

在图6.37所示的"设计中心"选项板中有3个选项卡:文件夹、打开的图形和历史记录。

①文件夹:用于显示设计中心的资源(图6.37),该选项卡与Windows资源管理器类似。该选项卡显示了导航图标的层次结构,包括网络和计算机、Web地址(URL)、计算机驱动器、文件夹、图形和相关的支持文件、外部参照、布局、填充样式和命名对象,图形包括图形中的块、图层、线型、文字样式、标注样式和表格样式。

②打开的图形:用于显示在当前环境中打开的所有图形,其中包括最小化的图形,如图6.38所示。此时选择某个文件,就可以在右边显示框中显示该图形的有关设置,如标注样式、布局、块、图层和外部参照等。

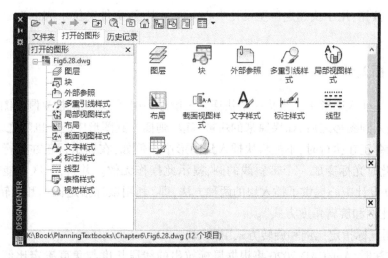

图6.38 "打开的图形"选项卡

③历史记录:用于显示用户最近访问过的文件,包括这些文件的具体路径。双击列表中的某个图形文件,可在"文件夹"选项卡的树形结构中定位此图形文件,并将其内容加载至内容显示区中。

(2)"工具栏"区域

"设计中心"选项板顶部有一系列工具,包括"加载""上一页(下一页或上一级)""搜索""收藏夹""主页""树状图切换""预览""说明"和"视图"等按钮。其中主要按钮的功能如下:

①"加载"按钮:单击该按钮,将弹出"加载"对话框,如图6.39所示。用户可利用该对话框从Windows桌面、收藏夹或Internet上加载文件。

②"搜索"按钮:用于查找对象。单击该按钮,将弹出"搜索"对话框,如图6.40所示。在该对话框中有3个选项卡,相应给出了3种搜索方式,即通过"图形"信息搜索、通过"修改日期"信息搜索和通过"高级"信息搜索。

③"收藏夹"按钮:在文件夹列表中显示Favorites\Autodesk文件夹的内容,用户可通过收藏夹来标记存放于本地磁盘、网络驱动器或Internet网页上的内容。

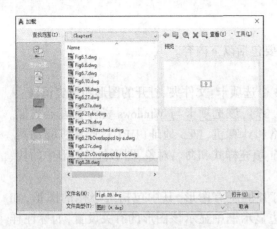

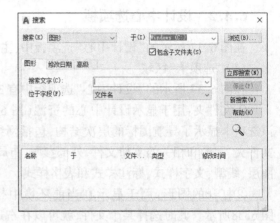

图 6.39 "加载"对话框   图 6.40 "搜索"对话框

④"主页"按钮：用于快速定位至设计中心文件夹中,该文件夹位于 AutoCAD 2020\Sample
目标下。

6.4.3　插入块

用户可将块插入图形中。当将一个块插入至图形中时,块定义就被复制到图形数据库中。
在一个块被插入到图形之后,如果原来的块被修改,则插入到图形中的块也随之改变。

当其他命令正在执行时,不能将块插入到图形中。例如,在提示行正在执行一个命令时,
如果插入块,此时光标变成一个带斜线的圆,提示此操作无效。并且,一次只能插入一个块。
AutoCAD 2020 设计中心提供了插入块的两种方法,即"利用鼠标指定比例和旋转方式"和"精
确指定坐标、比例和旋转角度方式"。

(1)"利用鼠标指定比例和旋转方式"插入块

运用该方法时,AutoCAD 2020 将根据鼠标拉出的线段长度与角度确定比例与旋转角度。
此方法插入块的步骤如下:

①从文件夹列表或搜索结果列表中选择要插入的块,按住鼠标左键,将其直接拖动至绘图
画面中。然后松开鼠标左键,此时,所选择的对象将插入至当前打开的图形中。在绘图画面
中,可将对象插入至任何指定的位置。

②按下鼠标左键,指定一点作为插入点,然后移动鼠标,以鼠标位置点与插入点之间的距
离为缩放比例,按下鼠标左键确定比例。同样的方法移动鼠标,鼠标指定位置与插入点连线和
水平线角度为旋转角度。被选择的对象将根据鼠标指定的比例和角度插入至图形当中。

(2)"精确指定坐标、比例和旋转角度方式"插入块

运用该方法可设置插入图块的各种参数,具体步骤如下:

①从文件夹列表或搜索结果列表中选择要插入的块对象,然后右键单击之,弹出如
图 6.41所示快捷菜单。

②从弹出的快捷菜单中选择"插入块"命令,弹出如图 6.42 所示"插入"对话框。

③在"插入"对话框中设置"插入点""比例"及"旋转"等参数,点击确定完成块的插入。

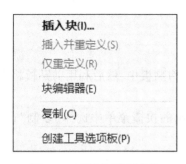

图6.41 "插入块"快捷菜单

图6.42 "插入"对话框

6.4.4 利用设计中心附着外部参照

外部参照可作为单个对象显示,也可根据指定的坐标、比例和旋转角度进行附着。当在图形中引用外部参照时,其将显示在 AutoCAD 2020"设计中心"选项板的"文件夹"选项卡之外部参照区。外部参照不会增加主图形文件大小。嵌套的外部参照能否被读入取决于选择的是附着或覆盖外部参照。利用设计中心附着外部参照的步骤如下:

①从文件夹列表或"搜索"对话框中选择外部参照,然后从右侧的"外部参照"列表中选择所需参照对象并右击,在弹出的快捷菜单中选择"附着外部参照"命令,弹出"附着外部参照"对话框,如图6.43所示。

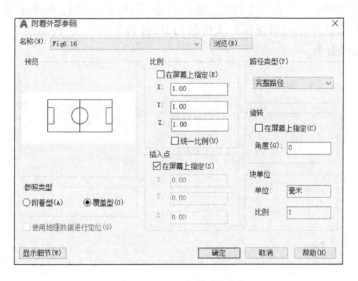

图6.43 "附着外部参照"对话框

②在"附着外部参照"对话框的"参照类型"选项区中选择"附着型"或"覆盖型"。

③在"外部参照"对话框的"插入点""比例"及"旋转"3个选项区中键入数值,或者直接选择"在屏幕上指定"复选框。

④以上设置完成后,单击"确定"按钮,画面切换至绘图画面,单击鼠标左键确定图形位置。

6.4.5 图形的复制

1)在图形之间复制图形

利用设计中心可浏览和装载需要复制的块,将块复制至剪贴板中,然后利用剪贴板将块粘贴到图形中。具体步骤如下:

①在文件夹列表中选择需要复制的块,然后右击,在弹出的快捷菜单中选择"复制"命令,将块复制到剪贴板上。

②通过"粘贴"命令将其粘贴至当前图形上。

2)在图形之间复制图层

利用设计中心可以从任何一个图形复制图层至其他图形。例如,已经绘制了一个包括设计所需的所有图层的图形,在绘制时可新建一个图形,并通过设计中心将已有的图层复制至新的图形中,这样可节省时间,并保证图形复制前后的一致性。

(1)拖动图层到已打开的图形

确认要复制图层的目标图形文件被打开,并且是当前的图形文件。在文件夹列表或搜索结果列表框中选择要复制的一个或多个图层,拖动图层到打开的图形文件。松开鼠标后,所选择的图层被复制至打开的图形中。

(2)复制或粘贴图层至打开的图形

确认要复制图层的图形文件被打开,并且是当前的图形文件。在文件夹列表或搜索结果列表框中选择要复制的一个或多个图层,然后右击,在弹出的快捷菜单中选择"复制"命令。如果要粘贴图层,确认粘贴的目标图形文件被打开,并且为当前文件,然后右击,在弹出的快捷菜单中选择"粘贴"命令。

第7章

图纸打印与输出

为了方便工程人员现场使用图纸,需要将 AutoCAD 2020 绘制的图样进行打印输出。用户可在模型空间中直接选择打印工具进行打印,也可以将图样适当处理后再输出,例如,添加标题栏、多视图等,即进行由图纸空间到输出空间的布局。

7.1 AutoCAD 2020 的模型空间与图纸空间

AutoCAD 2020 的绘图工作区窗口提供了两个并行的工作环境,可通过选择"模型"选项卡和"布局"选项卡来实现。"模型"选项卡主要供用户绘制主体模型等图样,通常也称为模型空间。而"布局"选项卡则提供了主体模型的多个"快照"。一个布局表示一张可以使用任意比例显示一个或多个模型视图的图纸,亦称为图纸空间。

模型空间和图纸空间都是以各种视口来表达图形。视口则是屏幕上用于显示图样的一个矩形区域。默认情况下,AutoCAD 2020 将整个绘图工作区作为一个单一的视口。当然,用户可依据实际需要将绘图区域设置为多个视口,每个视口用于显示图样的不同部位。

用户可在模型空间中直接选择打印工具进行打印,也可以将图样适当处理后再输出,例如,添加标题栏、多视图等,即进行由图纸空间到输出空间的布局。但同一时间仅有一个当前视口,即工作区,为与其他视口区分,AutoCAD 2020 会将当前视口的边界高亮粗边框显示。

7.1.1 模型空间

在模型空间中,可按 1:1 的比例绘制图形,绘图单位可采用英制或公制单位。同时,绘图工作区可被划分为多个相邻的非重叠的视口,用户可通过"VPORTS"或"VIEWPORTS"命令创建视口,而每个视口又可以进行分区,且都可以进行平移和缩放操作,亦可进行三维视图设置,例如图 7.1 所示的多视口模型空间视图。

7.1.2 图纸空间

通过绘图工作区左下角的"布局"选项卡可访问虚拟图纸。通过布局设置可选用不同尺寸的图纸。在布局中可创建并放置视口,还可添加标注、标题栏等图形要素。视口显示的是图形的模型空间对象,即在"模型"选项卡中绘图工作区内创建的对象,每个视口均可按指定比例显示模型空间。若使用布局视口则可对某个视口内的特写图层进行冻结,以方便用户查看不同视口中的不同对象。此外,各视口作为一个整体,用户可对其执行"复制""缩放"和"删除"等编辑操作,使视口可以根据用户需要置于图纸空间中的任何位置。各视口亦可以相互邻接、重叠或分开放置,如图7.2所示。

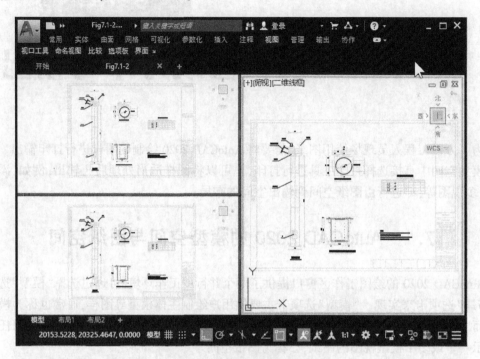

图7.1　多视口的模型空间视图

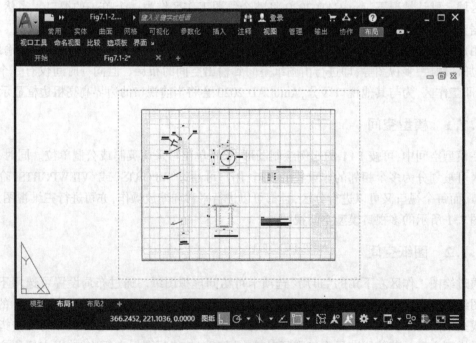

图7.2　图纸空间视图布局

用户可利用 AutoCAD 2020 创建多个布局,每个布局均可采用不同尺寸的图纸及打印设置。默认情况下,新图形一般包含"布局1"和"布局2"两个布局选项卡。

7.1.3　模型/图纸空间的转换

通常,绘制视图在模型空间中操作,标注则是在图纸空间中进行,因此,常需要在模型与图纸空间之间进行转换。常用的转换方法如下。

(1)状态变量控制

在命令行中键入"TILEMODE"命令,AutoCAD 2020 命令行提示如下:

命令:_tilemode

输入 tilemode 的新值 <1 >:

依据提示在命令行中键入"1"或"0"。若键入"1",则 AutoCAD 2020 将转换成模型空间;若键入"0",则 AutoCAD 2020 将转换成图纸空间。在模型空间中,用户主要进行绘图和设计工作;而在图纸空间中,用户主要完成打印或绘图输出的图纸布局。用户在模型空间和图纸空间中均可以建立 CAD 实体。

(2)选择相应的按钮或选项卡

用户可通过点击 AutoCAD 2020 主程序左下角的"模型""布局"选项卡来完成模型空间和图纸空间的切换;或者通过单击状态栏上的按钮 模型 、图纸 也可以完成切换。

(3)命令控制

在命令行中键入"MSPACE"命令后,AutoCAD 2020 可实现从图纸空间到模型空间的转换;而在命令行中键入"PSPACE"命令后,AutoCAD 2020 可实现从模型空间到图纸空间的转换。

7.2　图纸集管理

"图纸集管理器"可将图形布局组织成命名图纸集,这样方便将图纸集中的图纸以单元为单位进行传递、发布和归档。

7.2.1　图纸集概述

图纸集即图形文件中图纸的集合,而图纸则是从图形文件中选定的布局。

对于大多数用户而言,图纸集是主要的成果。图纸集用于传达项目的总体设计意图,亦是项目的主要存档资料。然而,手动管理图纸集并非易事,因此,AutoCAD 2020 提供了图纸集管理器。

7.2.2　图纸集的创建

1)功能

AutoCAD 2020 提供了创建图纸集向导,通过向导既可以基于现有图形从头开始创建图纸集,也可以使用图纸集样板来创建图纸集。

2)命令调用

选择"文件"菜单→"新建图纸集"命令。

3)操作示例

(1)基于样例图纸集创建

①执行"新建图纸集"命令后,AutoCAD 2020将弹出"创建图纸集-开始"对话框,如图7.3所示。选择"样例图纸集"单选按钮后,单击"下一步"按钮。接着在屏幕上弹出"创建图纸集-图纸集样例"对话框,如图7.4所示。

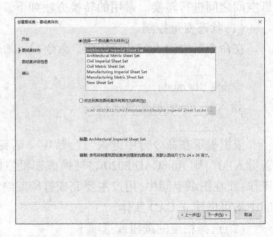

图7.3 "创建图纸集-开始"对话框   图7.4 "创建图纸集-图纸集样例"对话框

AutoCAD 2020在"创建图纸集-图纸集样例"对话框中为用户提供了多种图纸集样例,用户亦可根据实际需要浏览到其他图纸集并将其设置为图纸集样例。

②选择合适的图纸集样例后,单击"下一步"按钮,接着在屏幕上会弹出"创建图纸集-图纸集详细信息"对话框,如图7.5所示。

"创建图纸集-图纸集详细信息"对话框主要包括以下内容:新图纸集的名称、说明、保存路径、"基于子集创建文件夹层次结构"复选框和"图纸集特性"按钮。

③在"创建图纸集-图纸集详细信息"对话框中进行详细设置后,单击"下一步"按钮,接着在屏幕上会弹出"创建图纸集-确认"对话框,如图7.6所示。

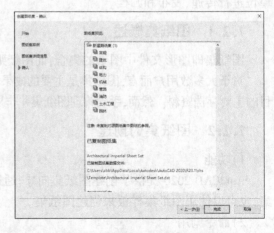

图7.5 "创建图纸集-图纸集详细信息"对话框   图7.6 "创建图纸集-确认"对话框

在"创建图纸集-确认"对话框中需要用户确认图纸集中包含的图纸内容以及图纸集数据库中的数据文件的来源路径。确认无误后,单击"完成"按钮,弹出"图纸集管理器"选项板,如图7.7所示。

(2)使用现有图形创建图纸集

使用现有图形创建图纸集向导的前两步与从样例图纸集创建图纸集向导基本一致,不同的是第三步,如图7.8所示。

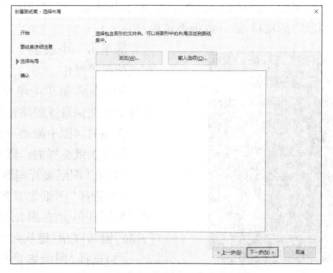

图7.7 "图纸集管理器"选项板　　　　图7.8 "创建图纸集-选择布局"对话框

"浏览"按钮:供用户选择已有的图形文件,单击该按钮可添加更多包含 AutoCAD 2020 图形的文件夹。

"输入选项"按钮:供用户指定让图纸集的子集组织复制图形文件的文件夹结构,以便这些图形的布局能够自动导入到图纸集中。

7.2.3 图纸集管理器

1)功能

AutoCAD 2020 提供的图纸集管理器用于在图纸集中创建、整理和管理图纸。

2)命令调用

用户可通过以下方式之一执行"图纸集管理器"命令:

①左键单击功能区"视图"选项卡→"选项板"面板→"图纸集管理器"按钮。

②依次选择"工具"菜单→"选项板"菜单项→"图纸集管理器"命令。

3)操作示例

根据上述方法执行"图纸集管理器"命令后,弹出"图纸集管理器"选项板,如图7.7所示。此选项板中各选项的功能如下:

(1)"图纸集"控件:在"图纸集"控件的下拉列表中可选择最近使用的文件、新建图纸集或打开已有图纸集。

(2)"图纸列表"选项卡:用于显示图纸集中所有图纸的排序列表。图纸集中的每张图纸都是在图形文件中指定的布局。

(3)"图纸视图"选项卡:用于显示图纸集中所有图纸视图的排序列表,仅列出用于 Auto-CAD 2005 或更高版本 AutoCAD 所创建的图纸视图。

(4)"模型视图"选项卡:列出用做图纸集资源图形的路径和文件夹名称。

(5)树状图:显示选项卡的内容,亦可在树状图中执行以下命令:

①鼠标右键单击:弹出当前选定项目的相关操作的快捷菜单。

②鼠标左键双击:从"图纸列表"选项卡或"模型视图"选项卡中打开图形文件;也可以双击树状图的项目,展开或折叠该项目。

图 7.9 "图纸集管理器"选项
板中的"创建"命令

③单击一个或多个项目:用于选中项目以执行打开、发布或传递等操作。

④鼠标左键单击单个项目:显示选定图纸、视图或图形文件的说明信息或缩略预览图。

⑤在树状图中拖动项目:重新排序各项目。

保存图纸选择的步骤如下:

(1)在"图纸集管理器"选项板中打开一个图纸集。

(2)选择"图纸集管理器"选项板中的"图纸列表"选项卡,单击要包含在图纸选择中的图纸和子集,可以使用[Shift]键和[Ctrl]键从列表中指定多个项目。

(3)选择"图纸集管理器"选项板右上角的"图纸选择"下拉列表中的"创建"命令,如图 7.9 所示,弹出如图 7.10 所示的"新的图纸选择"对话框,对图纸进行命名保存。

(4)对新的图纸选择命名为"三维造型图"后,单击"确定"按钮,将以新的名称进行保存。

重命名或删除图纸选择的步骤如下:

(1)在"图纸集管理器"选项板中选中并打开一个图纸集。

(2)单击"图纸选择"下拉列表中的"管理"命令。

(3)在屏幕上弹出如图 7.11 所示的"图纸选择"对话框,选择图纸选择列表中的"建筑图",并执行下列操作之一:

①左键单击"重命名"按钮,以重命名该图纸选择,并键入该图纸选择的新名称。

②左键单击"删除"按钮,以从列表中删除该图纸选择名称。单击"确认"按钮,确认要删除此图纸选择名称。

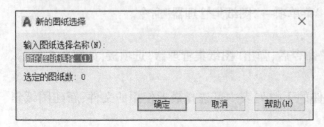

图 7.10 "新的图纸选择"对话框

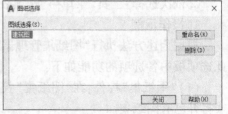

图 7.11 "图纸选择"对话框

（4）选择上述操作之一后，单击"关闭"按钮。

将图层、块、图纸集和图纸信息包含在已发布的 DWF 文件中的步骤如下：

（1）在"图纸集管理器"选项板的"图纸列表"选项卡中，选择准备在 DWF 文件中发布的图纸集。

（2）左键单击"发布"按钮 ，从下拉列表中选择"图纸集发布选项"命令，如图 7.12 所示。

（3）AutoCAD 2020 弹出如图 7.13 所示的"图纸集 DWF 发布选项"对话框，在该对话框的"DWF 数据选项"下，根据要包含在已发布的 DWF 文件中的信息，单击以下任一选项以便将选项更改为"包含"：图层信息、图纸集信息、图纸信息和块信息。

图 7.12 "图纸集发布选项"命令

图 7.13 "图纸集 DWF 发布选项"对话框

（4）左键单击"确定"按钮。

7.3 布局及布局管理

AutoCAD 2020 应用程序提供了一个工作环境，即"布局"选项卡，在每个"布局"选项卡中显示了包含模型空间所绘图样的"照片"相框。每个布局视口包含一个视图，此视图可按用户指定的比例和方向显示所绘图样。当然，用户可在每个布局视口中控制各个图层的可见性。

7.3.1 新建布局

（1）命令调用

用户可通过以下方式之一执行"新建布局"命令：

①左键点击 AutoCAD 2020 应用程序左下角"布局"选项卡最右端的按钮 ➕ 。

②依次选择"插入"→"布局"→"新建布局"命令。

③在命令行中键入"LAYOUT"，然后按［Enter］键执行命令。

（2）操作示例

启动命令后，AutoCAD 2020 命令行提示如下：

命令:_layout
　　输入布局选项 [复制(C)/删除(D)/新建(N)/样板(T)/重命名(R)/另存为(SA)/设置(S)/?] <设置>:n↙
　　输入新布局名<布局3>:(直接按[Enter]键表示采用默认的"布局3"命名新布局,或键入新的布局名后按[Enter]键)

7.3.2　浮动视口

　　在创建布局图的过程中,浮动视口主要用于显示模型空间中的图形,方便用户在创建布局过程中随时查看模型空间中的图形。创建布局图时,AutoCAD 2020 会自动创建一个浮动视口。在浮动视口中双击可进入浮动模型空间,该空间的边界将以粗线显示,如图 7.14 所示。

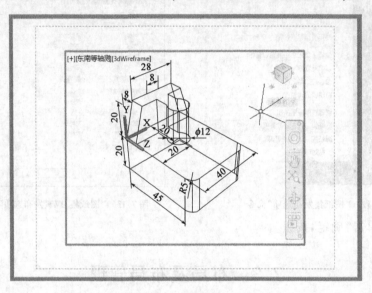

图 7.14　浮动模型空间

　　在浮动模型空间中,用户可对浮动视口中的图形进行各种操作,其效果如同在模型空间中的操作一般,例如:缩放、平移图形,控制图形、对象和视图的显示与隐藏。用户亦可以在浮动视口中对图形进行各种编辑。若需要从浮动模型空间切换回图纸空间,用户只需在浮动视口之外双击即可。

7.3.3　基于样板的布局

（1）功能
　　布局样板是一类包含特写图纸尺寸、标题栏和浮动视口的文件,通过布局样板可方便用户快速创建标准布局图。
　　布局样板文件的扩展名为". dwt",AutoCAD 2020 提供了众多布局样板,以方便用户设置新布局环境时使用。通常,由于布局样板大多包含规范的标题栏,在使用布局样板创建标准输出布局图后,仅需简单地修改标题块属性,即可获得符合标准的图纸。

（2）命令调用

依次选择"插入"菜单→"布局"→"来自样板的布局"命令。

（3）操作示例

①执行上述操作后，弹出"从文件选择样板"对话框。

②在"从文件选择样板"对话框列表中选择布局样板文件，如图7.15所示。

③左键单击"打开"按钮，弹出"插入布局"对话框，如图7.16所示。

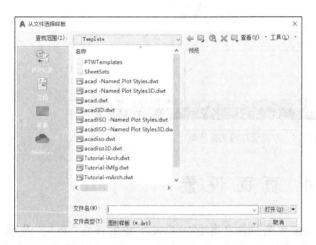

图7.15 "从文件选择样板"对话框

图7.16 "插入布局"对话框

④在"插入布局"对话框的"布局名称"列表中选择布局样板，然后单击"确定"按钮，如图7.17所示。

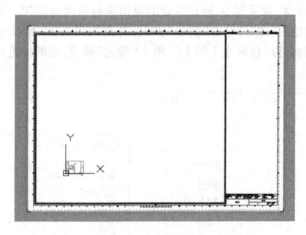

图7.17 根据布局样板创建的初步布局图

⑤在浮动视口区域内左键双击，激活浮动视口，然后通过缩放与平移图形，调整浮动视口中的视图显示。

7.3.4 布局的管理

在AutoCAD 2020应用程序主窗口左下角"布局"选项卡上单击鼠标右键，从弹出的快捷菜单中选择"删除""新建布局""重命名""移动或复制"等命令可对布局进行相应的管理,如图7.18所示。

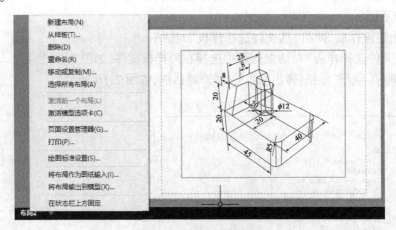

图7.18　布局管理的快捷菜单

7.4　页 面 设 置

若用户需要创建打印布局,则可左键单击绘图工作区窗口左下角的任意"布局"选项卡,以选中某一布局。对于首次选择布局选项卡时,选择"文件"菜单→"页面设置管理器"命令或单击功能区"输出"选项卡→"打印"面板→"页面设置管理器"按钮 页面设置管理器,弹出"页面设置管理器"对话框,如图7.19所示。

在"页面设置管理器"对话框中,通过选定的页面进行修改或创建。下面通过新建页面的设置讲解该对话框的使用。左键单击"新建"按钮,弹出如图7.20所示的"新建页面设置"对话框,将新建的页面命名为"建筑施工图Ⅰ",单击"确定"按钮,随即弹出如图7.21所示的"页面设置-模型"对话框。

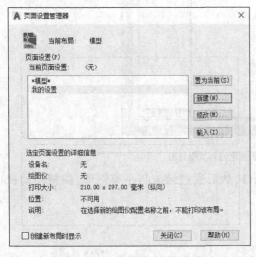

图7.19　"页面设置管理器"对话框

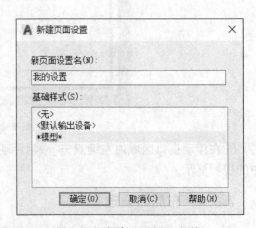

图7.20　"新建页面设置"对话框

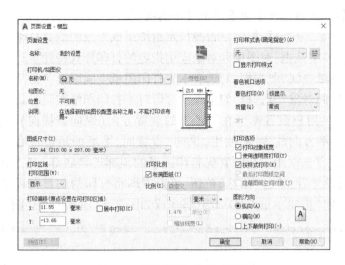

图7.21 "页面设置-模型"对话框

该对话框中各选项主要包括以下功能：

(1)打印机/绘图仪：供用户选择打印机设置，以便打印布局。确定所选设备后，可查看有关设备的名称和位置等详细信息，亦可修改设备配置。此处所选的打印机或绘图仪决定了布局的可打印区域，该范围将通过布局中的虚线表示。图纸尺寸和打印设备的变更将改变图形页面的打印区域。

(2)图纸尺寸：供用户从列表中选择图纸尺寸。列表中可用的图纸尺寸由当前所选打印设备确定。如果用户配置绘图仪进行光栅输出，则必须按像素指定输出尺寸。通过使用绘图仪配置编辑器可添加存储在绘图仪配置文件中的自定义图纸尺寸。

(3)打印区域：设置或选择可打印区域。其默认设置为"布局"，表示打印"布局"选项卡中图纸尺寸边界内的所有图形。其中各选项含义如下：

①窗口：即打印布局中的某个区域，可选择"窗口"选项，使用鼠标或键盘定义该窗口的边界。

②范围：在图纸中打印图形中的所有对象。

③显示：根据"模型"选项卡中的当前显示状态，打印绘图工作区中显示的所有图形。

(4)打印偏移：利用该区域中的"X"和"Y"输入值可指定相对于可打印区域左下角的偏移。如果勾选"居中打印"复选框，AutoCAD 2020将自动计算上述"X""Y"偏移值以使图形居中打印。

(5)打印比例：通过选择标准缩放比例或设置自定义值可以按需要的比例进行打印。

(6)打印样式表：用户可在此指定给"布局"选项卡或"模型"选项卡的打印样式的集合。类似于线型和颜色，打印样式也属于对象特性，即可将打印样式指定给对象或图层，通过打印样式来控制对象的打印特性，用户也可以创建新的打印样式表保存在布局页面设置中，或对现有打印样式表进行编辑。

(7)着色视口选项：该设置决定对象的打印方式。用户可通过选择视口的打印方式和指定的分辨率级别来展示设计，这为用户向他人展示三维设计增加了灵活性。该选项为用户提供了"按显示""线框""消隐"或"渲染"等选项打印着色对象集。

（8）打印选项：此区域提供了以下四个打印选项：

①"打印对象线宽"复选框：控制是否按指定给图层或对象的线宽打印。

②"按样式打印"复选框：对图层和对象应用指定的打印样式特性。

③"最后打印图纸空间"复选框：勾选表示先打印图纸空间图形，再打印模型空间图形。

④"隐藏图纸空间对象"复选框：勾选表示打印时不打印图纸空间对象。

（9）图形方向：供用户设置图形在图纸上的放置方向（纵向或横向）。使用"横向"设置时，图纸的长边沿水平方向放置；而使用"纵向"设置时，图纸的短边将沿水平方向放置。其中，"上下颠倒打印"复选框用于控制首先打印图形的顶部还是底部。在"页面设置-模型"对话框中进行适当的设置后，单击"预览"按钮，可查看即将打印的图形布局的确切外观。确认无误后，再单击"确定"按钮，AutoCAD 2020 将生成如图 7.22 所示的布局图。

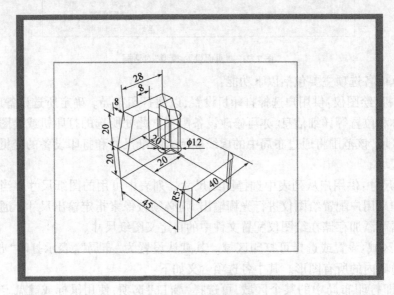

图7.22 布局打印预览图

7.5 绘图仪管理

AutoCAD 2020 的绘图仪管理器负责添加和修改 AutoCAD 2020 绘图仪配置文件或 Windows 系统绘图仪配置文件。在 AutoCAD 2020 的绘图仪管理器中可创建和管理用于 Windows 系统和 Autodesk 设置的 PC3 文件。

选择"文件"菜单→"绘图仪管理器"命令，弹出如图 7.23 所示的"Plotters"窗口。左键单击该窗口中的"添加绘图仪向导"快捷方式，弹出如图 7.24 所示的"添加绘图仪-简介"对话框。按提示点击"下一步"按钮，完成操作后绘图仪添加成功。

若需要修改绘图仪配置，可在选定的绘图仪上双击鼠标左键，弹出如图 7.25 所示的"绘图仪配置编辑器"对话框。

"绘图仪配置编辑器"对话框主要包括"基本""端口"和"设备和文档设置"三个选项卡，各选项卡功能如下：

①"基本"选项卡：供用户查询该绘图仪所安装的驱动程序等信息。

②"端口"选项卡：供用户对端口进行重新设置。

③"设备和文档设置"选项卡：供用户重新定义绘图介质、图形分辨率及自定义尺寸和标准等。

图7.23 "Plotters"窗口

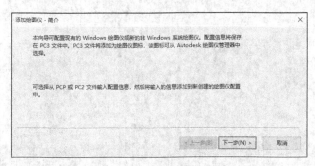

图7.24 "添加绘图仪-简介"对话框

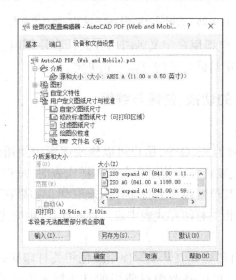

图7.25 "绘图仪配置编辑器"对话框

7.6 打印样式管理

图形输出时,由于对象的类型差异,其线条宽度也各不相同。通常,图形中的实线宽度大于辅助线宽度。AutoCAD 2020 为用户提供了打印样式管理器,方便用户为不同颜色的对象设置打印颜色、抖动、灰度、笔指定、淡显、线型和线宽等参数。

7.6.1 打印样式表的类型

打印样式表是指定给"布局"或"模型"选项卡的打印样式集合,共包含两种类型:颜色相关打印样式表和命名打印样式表。

颜色相关打印样式表(CTB)用对象的颜色来确定线宽等打印特征。例如,图形中所有的红色对象均以相同方式打印。用户亦可通过颜色相关打印样式表来编辑打印样式,但无法添加或删除打印样式。颜色相关打印样式表中共有 256 种打印样式,每种样式对应一种颜色。图 7.26 所示为颜色相关打印样式表。

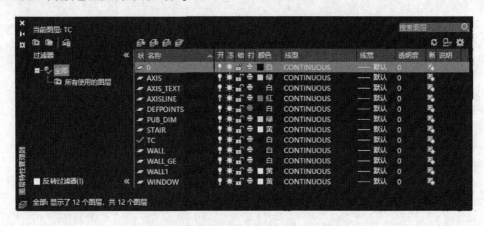

图 7.26 为图层指定不同颜色设置不同打印样式

命名打印样式表(STB)包括用户定义的打印样式。在使用时,具有相同颜色的对象可能会以不同方式打印,这由指定给该对象的打印样式决定。

7.6.2 打印样式表的切换、创建与编辑

(1)打印样式表的切换

通过使用 CONVERTPSTYLES 命令,用户可以修改图形中使用的打印样式表类型。将图形从使用颜色相关打印样式表转换为使用命名打印样式表时,图形中依附于布局的所有颜色相关打印样式表将被删除,其位置由命名打印样式表取代。如果在转换为使用命名打印样式表之后,又需要使用在颜色相关打印样式表中定义过的样式,则应先将颜色相关打印样式表转换为命名打印样式表。

若将图形从使用命名打印样式表转换为使用颜色相关打印样式表,则指定给图形中对象的打印样式名将丢失。除了可以修改图形使用的打印样式表的类型外,还可以用 CONVE-

RTCTB命令将颜色相关打印样式表转换为命名打印样式表,但不能将命名打印样式表转换为颜色相关打印样式表。

(2)打印样式表的创建

①选择"文件"菜单→"打印样式管理器"命令,弹出"Plot Styles"对话框,如图7.27所示。

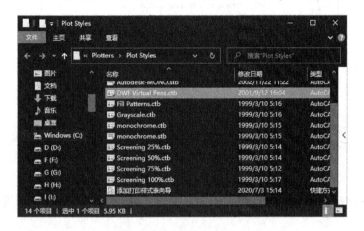

图7.27 "Plot Styles"对话框

②在"Plot Styles"窗口中双击其中的"添加打印样式表向导"图标,弹出如图7.28所示"添加打印样式表"对话框。

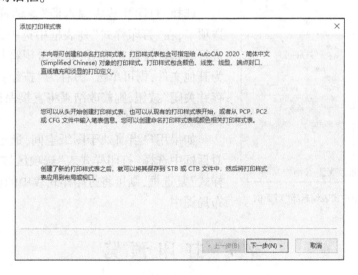

图7.28 "添加打印样式表"对话框

③左键单击"添加打印样式表"对话框中"下一步"按钮,弹出如图7.29所示的"添加打印样式表-开始"对话框。

④在"添加打印样式表-开始"对话框中可选择使用绘图仪配置(CFG)文件或PCP、PC2文件来键入设置,或将新的打印样式表基于现有打印样式表或从头开始创建。选择后,单击"下一步"按钮,根据提示操作。此过程中,将对打印样式表的类型进行设置和命名,此步骤完成后,单击"完成"按钮,以结束新的打印样式表的设置。

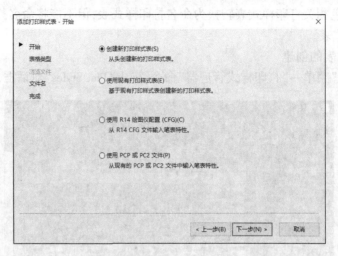

图7.29 "添加打印样式表-开始"对话框

对于所有使用颜色相关打印样式表的图形,新打印样式表在"打印"和"页面设置"对话框中均可以使用。

图7.30 "打印样式表编辑器"对话框

(3)打印样式表的编辑

在"Plot Styles"窗口中,双击需要修改的打印样式表,即弹出如图7.30所示的"打印样式表编辑器"对话框。

选择"打印样式表编辑器"对话框的"格式视图"选项卡,在"打印样式"列表框中选中某个打印样式并进行编辑。设置完成后,如果希望将打印样式表另存为其他文件,则可单击"另存为"按钮;若直接单击"保存并关闭"按钮,则修改结果将直接保存在当前打印样式表中。

如果用户当前处于图纸空间,通过在"页面设置"对话框中选择"打印样式"选项区域中的"显示打印样式"复选框,则可将打印样式表中的设置结果显示于布局图中。

7.7 打 印 预 览

为了确保图纸的打印效果符合用户需要,在将图形发送到打印机或绘图仪之前,通常需要生成待打印图形的预览。

依次选择"文件"菜单→"打印预览"命令或单击功能区"输出"选项卡→"打印"面板→"预览"按钮 。进入打印预览状态后,图形处于缩放操作状态,在此状态下,用户可单击并拖动,以缩放打印预览画面,如图7.31所示。亦可以右键单击,调出快捷菜单,从中可选择"退出""打印""平移"或"缩放"等命令。

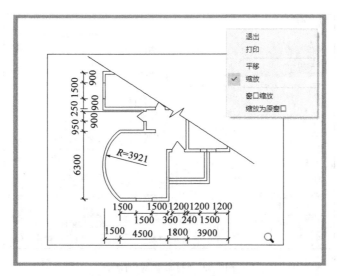

图 7.31　打印预览效果

7.8　打　印

图纸设计完成后,为了不同技术人员的交流使用,需将图纸完整、清晰地打印出来,在打印之前还需进行相应的设置。

7.8.1　打印图形的步骤

(1)功能

用户既可以在模型空间打印图形,也可以在布局空间打印图形。

(2)命令调用

①选择"文件"菜单→"打印"命令。

②单击功能区"输出"选项卡→"打印"面板→"打印"按钮。

③在"模型"或"布局"选项卡上单击鼠标右键,在弹出的快捷菜单中选择"打印"命令。

(3)操作示例

①选择"文件"菜单→"打印"命令,弹出如图 7.32 所示的"打印-模型"对话框。

②在"页面设置"中选择所需的页面名称。

③在"打印机/绘图仪"选项区域的下拉列表中选择一种绘图仪。

④在"图纸尺寸"下拉列表中选择所需的图纸尺寸。

⑤在"打印份数"数值框中键入所需打印份数。

⑥在"打印区域"中指定图形中所需打印的区域。

⑦在"打印比例"中选择缩放比例。

⑧单击"更多选项"按钮 ⊙ 进行其他选项的设置。

⑨完成设置后,单击"确定"按钮开始打印。

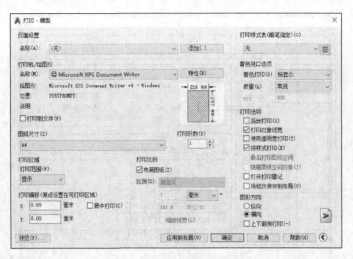

图 7.32 "打印-模型"对话框

7.8.2 打印批处理

AutoCAD 2020 提供了利用 Visual Basic 编制的批处理打印程序,通过该程序的运行可实现打印一系列 AutoCAD 2020 图形的功能。用户通过左键点击 Windows 操作系统的"开始"按钮,选择"程序"列表→"AutoCAD 2020-简体中文(Simplified Chinese)"→"标准批处理检查器"命令。执行此命令后,用户可将图形保存在批处理打印文件(BP3)中,以供后续使用。

参 考 文 献

[1] 刘小年,唐开明.AutoCAD 计算机绘图基础[M].长沙:湖南大学出版社,2016.

[2] 李捷,杨建伟.中文 AutoCAD 实用教程(AutoCAD 2009 版)[M].北京:机械工业出版社,2009.

[3] 廖念禾.AutoCAD 与计算机辅助设计上机实训[M].北京:中国水利水电出版社,2017.

[4] 何培伟,张希可,高飞.AutoCAD 2017 中文版基础教程[M].北京:中国青年出版社,2016.

[5] 钟日铭.AutoCAD 2017 完全自学手册[M].2 版.北京:机械工业出版社,2016.

[6] 龙马高新教育.新编 AutoCAD 2017 从入门到精通[M].北京:人民邮电出版社,2017.

[7] 王征,陕华.中文版 AutoCAD 2017 实用教程[M].北京:清华大学出版社,2016.

[8] 李娇.AutoCAD 2017 中文版从入门到精通[M].北京:中国青年出版社,2017.

[9] 胡仁喜,路纯红.AutoCAD 2012 中文版建筑与土木工程制图快速入门实例教程[M].北京:机械工业出版社,2011.

[10] 马玉仲,王珂,郝相林,等.AutoCAD 2012 中文版建筑设计标准教程[M].北京:清华大学出版社,2012.

[11] 李腾训,魏峥,董焕俊.AutoCAD 2008 工程制图与上机指导[M].北京:清华大学出版社,2008.

[12] 李朝晖,夏玮.AutoCAD 2009 辅助绘图[M].北京:中国铁道出版社,2009.